CÁLCULO SEGUIMENTAL

Leandro Bertoldo

Dedico esta obra à minha querida filha,
Doutora Beatriz Maciel Bertoldo,
inesgotável fonte de alegria e orgulho
para seu pai.

A chave encontrada para descobrir um mistério,
pode trazer a lume outras preciosas gemas
de conhecimento ainda velado.

Ellen Gould White
Escritora, conferencista, conselheira
e educadora norte-americana.
(1827-1915)

PREFÁCIO

Aquele que descobre um pensamento
que nos permite penetrar ainda um pouco
mais fundo no mistério eterno da natureza
recebeu uma grande dádiva.

Albert Einstein
Físico, cientista
e conferencista judeu-alemão
(1879-1955)

A presente tese foi produzida em janeiro de 1983, quando o autor contava vinte e três anos de idade. Ela introduz inovações e idéias originais no mundo da matemática, como facilmente se poderá constatar pela simples observação da obra.

Nessa época, Beatriz Maciel Bertoldo, filha do autor, contava pouco menos que um ano de idade, e foi embalando a criança no colo que ele produziu a sua tese do Cálculo Seguimental. Todavia, a menina ficava mais acordada do que dormindo, de forma que no manuscrito original do autor se pode ver que a criança colocou alguns rabiscos de seu próprio punho em meio aos símbolos e às demonstrações matemáticas.

Esta singela obra tem por objetivo apresentar uma nova perspectiva matemática do cálculo combinatório e do cálculo de arranjos em função do conceito de progressão aritmética, e para que tal visão se tornasse viável o autor teve que introduzir novas idéias e símbolos no mundo da matemática, o que deu origem a equações bastante curiosas e interessantes, o que acabou por consolidar o cálculo seguimental.

A obra que o leitor tem em mãos é constituída por dois livros. O primeiro apresenta dois capítulos e quatro apêndices. Nos dois capítulos o autor desenvolve a sua teoria empregando o conceito de combinações e de arranjos. Quanto aos apêndices, no primeiro, o autor apresenta uma síntese do desenvolvimento de sua tese; já os demais apêndices são aplicações da técnica do autor na Geometria e na Física, todas elas inovando essas áreas do conhecimento científico. O segundo livro é constituído por uma série de dez pequenos artigos matemáticos.

As várias idéias originais defendidas nesta obra são apresentadas numa forma aritmética elementar, sendo que na maioria dos casos as demonstrações matemáticas produzidas são acompanhadas de exemplos numéricos, o que facilita bastante a compreensão do assunto abordado pela teoria.

Desde que escreveu a sua tese o autor nunca mais retornou ao assunto, posto que sempre esteve ocupado com outras produções científicas, e envolvido em diversas outras atividades, o que lhe vem impedindo até o presente momento de analisar mais profundamente o seu trabalho, e que agora está sendo publicado da forma como foi produzido há vinte e dois anos atrás, razão pela qual pede indulgência ao severo público ledor.

E por fim, o autor aproveita a oportunidade para expressar o seu mais profundo agradecimento à Beatriz Maciel Bertoldo pelo tedioso e meticuloso trabalho de digitação. Certamente ela nunca imaginaria que aquele manuscrito que havia rabiscado, quando tinha menos de um ano de idade, iria ser por ela rigorosamente digitado mais de vinte anos depois.

Leandro Bertoldo

SUMÁRIO

Prefácio

LIVRO I
CÁLCULO SEGUIMENTAL

2. Tabelas de Verificações de Arranjos
3. Equação Seguimental Arranjatoria Primária
$(A_{n,1})$
4. Primeira Equação Seguimental Arranjatoria
$(A_{n,2})$
5. Segunda Equação Seguimental Arranjatoria
$(A_{n,3})$
6. Terceira Equação Seguimental Arranjatoria
$(A_{n,4})$
7. Quarta Equação Seguimental Arranjatoria
$(A_{n,5})$
8. Quinta Equação Seguimental Arranjatoria
$(A_{n,6})$
9. Generalizações
10. Equação Seguimental de Linha

Apêndice I
Generalizações do Cálculo Seguimental
1. Introdução
2. Definições de Propriedades

Apêndice II
Cálculo Seguimental e a Geometria
1. Introdução
2. Seguimental
3. Pirâmides
4. Meia Pirâmide
5. Meia Pirâmide Quadricular
6. Meia Pirâmide Retangular
7. Pirâmide

CAPÍTULO I

CÁLCULO SEGUIMENTAL E COMBINATÓRIA

1- Primeira Equação Seguimental Combinatória $(C_{n, 2})$

Chama-se $(C_{n, p})$ o número de combinações de (**n**) elementos (**p**) a (**p**).

Defino o conceito de um número seguimental qualquer como sendo aquele representado por:

$$P_n = n?$$

Onde o símbolo (**?**), representa o conceito definido por Leandro, e que foi denominado de *seguimental*. Dessa forma, com relação à última expressão, de um modo mais geral, posso escrever que:

$$P_n = (n - 0) + (n - 1) + (n - 2) + (n - 3) + ... + (n - n)$$

Portanto, posso concluir que:

$$n? = (n - 0) + (n - 1) + (n - 2) + (n - 3) + ... + (n - n)$$

Então, seja (**A**) um conjunto com (**n**) elementos. Os subconjuntos de (**A**) com (**p**) elementos constituem agrupamentos que são chamados "combinações" dos (**n**) elementos de (**A**), (**p**) a (**p**). Em tal agrupamento a ordem dos elementos não importa.

No cálculo combinatório a expressão que se segue é fundamental à compreensão do assunto:

$$C_{n,p} = n!/p!(n - p)!$$

Onde **n!**, deve-se ler **n** fatorial ou fatorial de **n**, e, é definido por:

$$n! = n \cdot (n - 1) \cdot (n - 2) \cdot (n - 3) \ldots (n - [n - 1])$$

Para efeito de visualização considere o seguinte exemplo: Uma empresa produziu uma coleção de seis (06) tampinhas de cores diferentes, e precisa escolher duas (02) delas para concorrer num concurso. Então seja $\{a_1, a_2, a_3, a_4, a_5, a_6\}$ o conjunto de tampinhas. Fazendo uma contagem física para as duas tampinhas, obtém-se que:

(a_1, a_2); (a_1, a_3); (a_1, a_4); (a_1, a_5); (a_1, a_6)
(a_2, a_3); (a_2, a_4); (a_2, a_5); (a_2, a_6)
(a_3, a_4); (a_3, a_5); (a_3, a_6)
(a_4, a_5); (a_4, a_6)
(a_5, a_6)

Estes quinze (15) agrupamentos são as combinações das seis (06) tampinhas, duas (02) a duas (02).

Aplicando a equação fundamental do cálculo combinatório, obtém-se que:

$C_{6,2} = 6!/2!(6-2)!$; então, vem que:
$C_{6,2} = 6 \times 5 \times 4 \times 3 \times 2 \times 1/2 \times 1 \times (4)! = 720/2 \times 4 \times 3 \times 2 \times 1 = 720/48$
$C_{6,2} = 15$

Tal resultado está em perfeito acordo com a contagem física anterior.

Agora, para deduzir a equação seguimental, basta observar que: A combinação do conjunto de seis (06) tampinhas (a_1, a_2, a_3, a_4, a_5, a_6) resultou, no exemplo anterior, em cinco colunas, sendo que a primeira apresenta cinco (05) agrupamentos, ou seja, (6 - 1) = 5. A segunda coluna apresenta quatro (04) agrupamentos, ou seja, (6 - 2) = 4. A terceira coluna apresenta três (03) agrupamentos, ou seja, (6 - 3) = 3. A quarta coluna apresenta dois (02) agrupamentos, ou seja, (6 - 4) = 2. A quinta coluna apresenta apenas um grupo, ou seja, (6 - 5) = 1.

Portanto, de acordo com a tese defendida nesta obra, o número total de agrupamentos possíveis em tal combinação corresponde à seguinte soma:

$C_{6,2} = (6-1) + (6-2) + (6-3) + (6-4) + (6-5) + (6-6)$ ∴
$C_{6,2} = 5 + 4 + 3 + 2 + 1 + 0$ ∴
$C_{6,2} = 15$

Este resultado é idêntico ao que foi obtido na contagem exemplificada anteriormente, e calculado na equação fundamental da combinatória.

Portanto, generalizando o referido resultado, têm-se a chamada "Primeira Equação Seguimental":

$$C_{n,\,2} = (n-1)?$$

De um modo mais geral, posso escrever que:

$$C_{n,\,2} = (n-1)? = (n-1) + (n-2) + (n-3) + \ldots + (n-n)$$

2- Equação Seguimental Primária Combinatória ($C_{n,1}$)

O cálculo combinatório mostra perfeitamente que:

$$C_{n,\,1} = n$$

Tal resultado é por demais evidente, portanto não há o que comentar ou discutir.

3- Segunda Equação Seguimental Combinatória ($C_{n,\,3}$)

Para deduzir a segunda equação seguimental, considere as seguintes verificações:

$C_{3,3} = 01$
$C_{4,3} = 04$
$C_{5,3} = 10$
$C_{6,3} = 20$
$C_{7,3} = 35$
$C_{8,3} = 56$

Para cada caso, uma equação seguimental equivalente seria a seguinte:

a) $C_{3,3} = (3 - 2)? = 1$
b) $C_{4,3} = (4 - 2)? + 1 = 4$
c) $C_{5,3} = (5 - 2)? + 4 = 10$
d) $C_{6,3} = (6 - 2)? + 10 = 20$
e) $C_{7,3} = (7 - 2)? + 20 = 35$
f) $C_{8,3} = (8 - 2)? + 35 = 56$

Em cada caso, pode-se observar que o segundo membro é o valor obtido pela equação anterior, então, posso escrever que:

g) $C_{4,3} = (4 - 2)? + (3 - 2)? = 4$
h) $C_{5,3} = (5 - 2)? + (4 - 2)? + (3 - 2)? = 10$
i) $C_{6,3} = (6 - 2)? + (5 - 2)? + (4 - 2)? + (3 - 2)? = 20$
j) $C_{7,3} = (7 - 2)? + (6 - 2)? + (5 - 2)? + (4 - 2)? + (3 - 2)? = 35$

k) $C_{8,3} = (8-2)? + (7-2)? + (6-2)? + (5-2)? + (4-2)? + (3-2)? = 56$

Ao generalizar os referidos resultados, obtêm-se a segunda equação seguimental, a saber:

$$C_{n,3} = (n-2)? + (n-3)? + (n-4)? + \dots + (n-[n-1])? + (n-n)?$$

Para efeito aritmético, considere um exemplo qualquer:

$C_{6,3} = (6-2)? + (6-3)? + (6-4)? + (6-5)? + (6-6)?$

$C_{6,3} = 4? + 3? + 2? + 1? + 0?$

$C_{6,3} = (4+3+2+1) + (3+2+1) + (2+1) + (1) + (0)$

$C_{6,3} = 10 + 6 + 3 + 1$

$C_{6,3} = 20$

O que está em perfeito acordo com o que foi verificado anteriormente.

Considerando o exemplo esquemático das tampinhas, tem-se o seguinte problema: Em uma coleção de seis (06) tampinhas de cores diferentes, deve-se escolher três (03) delas para concorrer num concurso. Seja $\{a_1, a_2, a_3, a_4, a_5, a_6\}$ o conjunto de tampinhas. Para as três tampinhas, pode-se ter:

A	B	C	D
(a_1, a_2, a_3) 4	(a_1, a_3, a_4) 3	(a_1, a_4, a_5) 2	(a_1, a_5, a_6) 1
(a_1, a_2, a_4)	(a_1, a_3, a_5)	(a_1, a_4, a_6)	
(a_1, a_2, a_5)	(a_1, a_3, a_6)		
(a_1, a_2, a_6)		(a_2, a_5, a_6) 1	
	(a_2, a_4, a_5) 2		
(a_2, a_3, a_4) 3	(a_2, a_4, a_6)		
(a_2, a_3, a_5)			
(a_2, a_3, a_6)	(a_3, a_5, a_6) 1		
(a_3, a_4, a_5) 2			
(a_3, a_4, a_6)			
(a_4, a_5, a_6) 1			

Em tal exemplo demonstrativo, se pode observar que existe vinte (20) agrupamentos, que são as combinações das seis (06) tampinhas, três (03) a três (03). A referida combinação resultou em quatro colunas (A, B, C e D). Sendo que a coluna A, apresenta dez (10) agrupamentos, subdivididos em 4, 3, 2, 1, ou seja, $(6 – 2)$? = 4? = 4 + 3 + 2 + 1 = 10. Já a coluna B, apresenta seis (06) agrupamentos, subdivididos em 3, 2, 1, ou seja, $(6 - 3)$? = 3? = 3 + 2 + 1 = 6. Agora, a coluna C, apresenta três (03) agrupamentos, subdivididos em 2, 1, ou seja, $(6 – 4)$? = 2? = 2 + 1 = 3. A coluna D apresenta um único grupo, ou seja, $(6 – 5)$? = 1? = 1. Evidentemente o total dos grupos é igual à soma dos grupos de cada coluna que é igual a vinte (20).

4- Terceira Equação Seguimental Combinatória ($C_{n, 4}$)

Na tentativa de encontrar a terceira equação seguimental acabei por encontrar um conceito fundamental da combinatória que vai permitir deduzir todas as equações apresentadas na presente tese. Tal conceito fica aqui reivindicado, razão pela qual vou denominar por "Conceito de Leandro".

Então, considere as seguintes verificações demonstrativas:

$C_{n, 2}$	$C_{n, 3}$	$C_{n, 4}$
$C_{2, 2} = 1$	$C_{3, 3} = 1$	$C_{4, 4} = 1$
$C_{3, 2} = 3$	$C_{4, 3} = 4$	$C_{5, 4} = 5$
$C_{4, 2} = 6$	$C_{5, 3} = 10$	$C_{6, 4} = 15$
$C_{5, 2} = 10$	$C_{6, 3} = 20$	$C_{7, 4} = 35$
$C_{6, 2} = 15$	$C_{7, 3} = 35$	$C_{8, 4} = 70$
$C_{7, 2} = 21$	$C_{8, 3} = 56$	$C_{9, 4} = 126$
$C_{8, 2} = 28$	$C_{9, 3} = 84$	$C_{10, 4} = 210$

Observando os referidos dados, pude verificar a seguinte realidade:

$C_{4, 3} = C_{3, 2} + C_{2, 2} = 4$

$C_{5, 3} = C_{4, 2} + C_{3, 2} + C_{2, 2} = 10$

$C_{6, 3} = C_{5, 2} + C_{4, 2} + C_{3, 2} + C_{2, 2} = 20$

$C_{7, 3} = C_{6, 2} + C_{5, 2} + C_{4, 2} + C_{3, 2} + C_{2, 2} = 35$

$C_{8, 3} = C_{7,2} + C_{6,2} + C_{5,2} + C_{4,2} + C_{3,2} + C_{2,2} = 56$

$C_{9, 3} = C_{8, 2} + C_{7, 2} + C_{6, 2} + C_{5, 2} + C_{4, 2} + C_{3, 2} + C_{2, 2} = 84$

Generalizando os referidos resultados posso escrever que:

$$C_{n,3} = C_{n-1,\,3-1} + C_{n-2,\,3-1} + C_{n-3,\,3-1} + C_{n-4,\,3-1} + \dots + C_{3-1,\,3-1}$$

A segunda equação seguimental, obtida pelo referido processo é a seguinte:

Demonstrei que:

$$C_{n,2} = (n-1)?$$

Portanto, pode-se escrever que:

$$C_{n-1,\,3-1} = [(n-1)-1]? = (n-2)?$$
$$C_{n-2,\,3-1} = [(n-2)-1]? = (n-3)?$$
$$C_{n-3,\,3-1} = [(n-3)-1]? = (n-4)?$$
$$\dots$$
$$C_{n-4,\,3-1} = [n-(n-1)-1]? = (n-n)?$$

Assim, concluí-se que:

$$C_{n,3} = (n-2)? + (n-3)? + (n-4)? + \dots + [n-(n-1)-1]?$$

ou

$$C_{n,3} = (n-2)? + (n-3)? + (n-4)? + \dots + (n-n)$$

Então, dando prosseguimento ao estudo para deduzir a terceira equação seguimental, considere os seguintes dados:

a) $C_{5,4} = C_{4,3} + C_{3,3} = 5$; porém, sabe-se que:

$$C_{4,3} = C_{3,2} + C_{2,2} = 4$$
$$C_{3,3} = C_{2,2} = 1$$

Então, substituindo convenientemente as três últimas expressões, vem que:

$$C_{5,4} = C_{3,2} + C_{2,2} + C_{2,2} = 5$$

b) $C_{6,4} = C_{5,3} + C_{4,3} + C_{3,3} = 15$; porém, sabe-se que:

$$C_{5,3} = C_{4,2} + C_{3,2} + C_{2,2} = 10$$
$$C_{4,3} = C_{3,2} + C_{2,2} = 4$$
$$C_{3,3} = C_{2,2} = 1$$

Substituindo convenientemente as quatro últimas expressões, vem que:

$$C_{6,4} = C_{4,2} + C_{3,2} + C_{2,2} + C_{3,2} + C_{2,2} + C_{2,2} = 15$$

c) $C_{7,4} = C_{6,3} + C_{5,3} + C_{4,3} + C_{3,3} + C_{2,3} = 35$; porém, sabe-se que:

$$C_{6,3} = C_{5,2} + C_{4,2} + C_{3,2} + C_{2,2} = 20$$
$$C_{5,3} = C_{4,2} + C_{3,2} + C_{2,2} = 10$$
$$C_{4,3} = C_{3,2} + C_{2,2} = 4$$
$$C_{3,3} = C_{2,2} = 1$$

Substituindo convenientemente as cinco últimas expressões, vem que:

$$C_{7,4} = C_{5,2} + C_{4,2} + C_{3,2} + C_{2,2} + C_{4,2} + C_{3,2} + C_{2,2}$$
$$+ C_{3,2} + C_{2,2} + C_{2,2} = 35$$

d) $C_{8,4} = C_{7,3} + C_{6,3} + C_{5,3} + C_{4,3} + C_{3,3} = 70$; porém, sabe-se que:

$$C_{7,3} = C_{6,2} + C_{5,2} + C_{4,2} + C_{3,2} + C_{2,2} = 35$$
$$C_{6,3} = C_{5,2} + C_{4,2} + C_{3,2} + C_{2,2} = 20$$
$$C_{5,3} = C_{4,2} + C_{3,2} + C_{2,2} = 10$$
$$C_{4,3} = C_{3,2} + C_{2,2} = 4$$
$$C_{3,3} = C_{2,2} = 1$$

Substituindo convenientemente as seis últimas expressões, vem que:

$$C_{8,4} = C_{6,2} + C_{5,2} + C_{4,2} + C_{3,2} + C_{2,2} + C_{5,2} + C_{4,2}$$
$$+ C_{3,2} + C_{2,2} + C_{4,2} + C_{3,2} + C_{2,2} + C_{3,2} + C_{2,2} + C_{2,2} = 70$$

e) $C_{9,4} = C_{8,3} + C_{7,3} + C_{6,3} + C_{5,3} + C_{4,3} + C_{3,3} = 126$; porém, sabe-se que:

$$C_{8,3} = C_{7,2} + C_{6,2} + C_{5,2} + C_{4,2} + C_{3,2} + C_{2,2} = 56$$
$$C_{7,3} = C_{6,2} + C_{5,2} + C_{4,2} + C_{3,2} + C_{2,2} = 35$$
$$C_{6,3} = C_{5,2} + C_{4,2} + C_{3,2} + C_{2,2} = 20$$
$$C_{5,3} = C_{4,2} + C_{3,2} + C_{2,2} = 10$$
$$C_{4,3} = C_{3,2} + C_{2,2} = 4$$
$$C_{3,3} = C_{2,2} = 1$$

Substituindo convenientemente as sete últimas expressões vem que:

$$C_{9,4} = C_{7,2} + C_{6,2} + C_{5,2} + C_{4,2} + C_{3,2} + C_{2,2} + C_{6,2} + C_{5,2} + C_{4,2} + C_{3,2} + C_{2,2} + C_{5,2} + C_{4,2} + C_{3,2} + C_{2,2} + C_{4,2} + C_{3,2} + C_{2,2} + C_{3,2} + C_{2,2} + C_{2,2} = 126$$

f) $C_{10,4} = C_{9,3} + C_{8,3} + C_{7,3} + C_{6,3} + C_{5,3} + C_{4,3} + C_{3,3} = 210$; porém, sabe-se que:

$$C_{9,3} = C_{8,2} + C_{7,2} + C_{6,2} + C_{5,2} + C_{4,2} + C_{3,2} + C_{2,2} = 84$$
$$C_{8,3} = C_{7,2} + C_{6,2} + C_{5,2} + C_{4,2} + C_{3,2} + C_{2,2} = 56$$
$$C_{7,3} = C_{6,2} + C_{5,2} + C_{4,2} + C_{3,2} + C_{2,2} = 35$$
$$C_{6,3} = C_{5,2} + C_{4,2} + C_{3,2} + C_{2,2} = 20$$
$$C_{5,3} = C_{4,2} + C_{3,2} + C_{2,2} = 10$$
$$C_{4,3} = C_{3,2} + C_{2,2} = 4$$
$$C_{3,3} = C_{2,2} = 1$$

Substituindo convenientemente as oito últimas expressões, vem que:

$$C_{10,4} = C_{8,2} + C_{7,2} + C_{6,2} + C_{5,2} + C_{4,2} + C_{3,2} + C_{2,2} + C_{7,2} + C_{6,2} + C_{5,2} + C_{4,2} + C_{3,2} + C_{2,2} + C_{6,2} + C_{5,2} + C_{4,2} + C_{3,2} + C_{2,2} + C_{5,2} + C_{4,2} + C_{3,2} + C_{2,2} + C_{4,2} + C_{3,2} + C_{2,2} + C_{3,2} + C_{2,2} + C_{2,2} = 210$$

Resumindo os referidos resultados, têm-se que:

$C_{5,4} = C_{4,3} + C_{3,3} = 5$

$C_{6,4} = C_{5,3} + C_{4,3} + C_{3,3} = 15$

$C_{7,4} = C_{6,3} + C_{5,3} + C_{4,3} + C_{3,3} = 35$

$C_{8,4} = C_{7,3} + C_{6,3} + C_{5,3} + C_{4,3} + C_{3,3} = 70$

$C_{9,4} = C_{8,3} + C_{7,3} + C_{6,3} + C_{5,3} + C_{4,3} + C_{3,3} = 126$

$C_{10,4} = C_{9,3} + C_{8,3} + C_{7,3} + C_{6,3} + C_{5,3} + C_{4,3} + C_{3,3} = 210$

Generalizando os referidos resultados, posso escrever que:

$$C_{n,4} = C_{n-1,\,4-1} + C_{n-2,\,4-1} + C_{n-3,\,4-1} + C_{n-4,\,4-1} + ... + C_{4-1,\,4-1}$$

Considerando a expressão:

$$C_{n,3} = C_{n-1,\,3-1} + C_{n-2,\,3-1} + C_{n-3,\,3-1} + C_{n-4,\,3-1} + ... + C_{3-1,\,3-1}$$

Analisando as referidas expressões, concluí-se que:

$$C_{n,p} = C_{n-1,\,p-1} + C_{n-2,\,p-1} + C_{n-3,\,p-1} + C_{n-x\,=\,p-1,\,p-1}$$

Agora, analisando os resultados obtidos em (a, b, c, d, e, f), vem que:

a_1) $C_{5,4} = [C_{3,2} + C_{2,2}] + [C_{2,2}] = 5$

b₁) $C_{6,4} = [C_{4,2} + C_{3,2} + C_{2,2}] + [C_{3,2} + C_{2,2}] + [C_{2,2}] = 15$

c₁) $C_{7,4} = [C_{5,2} + C_{4,2} + C_{3,2} + C_{2,2}] + [C_{4,2} + C_{3,2} + C_{2,2}] + [C_{3,2} + C_{2,2}] + [C_{2,2}] = 35$

d₁) $C_{8,4} = [C_{6,2} + C_{5,2} + C_{4,2} + C_{3,2} + C_{2,2}] + [C_{5,2} + C_{4,2} + C_{3,2} + C_{2,2}] + [C_{4,2} + C_{3,2} + C_{2,2}] + [C_{3,2} + C_{2,2}] + [C_{2,2}] = 70$

e₁) $C_{9,4} = [C_{7,2} + C_{6,2} + C_{5,2} + C_{4,2} + C_{3,2} + C_{2,2}] + [C_{6,2} + C_{5,2} + C_{4,2} + C_{3,2} + C_{2,2}] + [C_{5,2} + C_{4,2} + C_{3,2} + C_{2,2}] + [C_{4,2} + C_{3,2} + C_{2,2}] + [C_{3,2} + C_{2,2}] + [C_{2,2}] = 126$

f₁) $C_{10,4} = [C_{8,2} + C_{7,2} + C_{6,2} + C_{5,2} + C_{4,2} + C_{3,2} + C_{2,2}] + [C_{7,2} + C_{6,2} + C_{5,2} + C_{4,2} + C_{3,2} + C_{2,2}] + [C_{6,2} + C_{5,2} + C_{4,2} + C_{3,2} + C_{2,2}] + [C_{5,2} + C_{4,2} + C_{3,2} + C_{2,2}] + [C_{4,2} + C_{3,2} + C_{2,2}] + [C_{3,2} + C_{2,2}] + [C_{2,2}] = 210$

Analisado a expressão (a_1), posso escrever que:

$$C_{5,4} = C_{3,2} + 2 . C_{2,2} = 5$$

Analisando a expressão (b_1), posso escrever que:

$$C_{6,4} = C_{4,2} + 2.C_{3,2} + 3 . C_{2,2} = 15$$

Analisando a expressão (c_1), posso escrever que:

$$C_{7,4} = C_{5,2} + 2 \cdot C_{4,2} + 3 \cdot C_{3,2} + 4 \cdot C_{2,2} = 35$$

Analisando a expressão (d_1), posso escrever que:

$$C_{8,4} = C_{6,2} + 2 \cdot C_{5,2} + 3 \cdot C_{4,2} + 4 \cdot C_{3,2} + 5 \cdot C_{2,2} = 70$$

Analisando a expressão (e_1), posso escrever que:

$$C_{9,4} = C_{7,2} + 2 \cdot C_{6,2} + 3 \cdot C_{5,2} + 4 \cdot C_{4,2} + 5 \cdot C_{3,2} + 6 \cdot C_{2,2} = 126$$

Analisando a expressão (f_1), posso escrever que:

$$C_{10,4} = C_{8,2} + 2 \cdot C_{7,2} + 3 \cdot C_{6,2} + 4 \cdot C_{5,2} + 5 \cdot C_{4,2} + 6 \cdot C_{3,2} + 7 \cdot C_{2,2} = 210$$

Generalizando os referidos resultados, posso escrever que:

$$\mathbf{C_{n,4} = 1 \cdot C_{n-2,2} + 2 \cdot C_{n-3,2} + 3 \cdot C_{n-4,2} + ... + (n-3) \cdot C_{n-(n-2),2}}$$

ou

$$\mathbf{C_{n,4} = 1 \cdot C_{n-2,2} + 2 \cdot C_{n-3,2} + 3 \cdot C_{n-4,2} + ... + (n-3) \cdot C_{2,2}}$$

Em parágrafos anteriores demonstrei que:

$$C_{n,2} = (n-1)?$$

Então, posso concluir que:

$$C_{n-2,2} = [n-(2-1)]? = (n-3)?$$
$$C_{n-3,2} = [n-(3-1)]? = (n-4)?$$
$$C_{n-4,2} = [n-(4-1)]? = (n-5)?$$
$$C_{2,2} = [n-(n-1)]? = 1$$

Substituindo convenientemente as referidas conclusões na equação ($C_{n,4}$), vem que:

$$C_{n,4} = 1 . (n-3)? + 2 . (n-4)? + 3 . (n-5)? + ... + (n-3) . [n-(n-1)]?$$

Também, posso escrever que:

$$C_{n,4} = 1 . (n-3)? + 2 . (n-4)? + 3 . (n-5)? + ... + (n-3)$$

Na realidade os valores, 1, 2, 3, 4 etc., caracteriza os elementos tomados um a um; então, com relação à última expressão, posso escrever que:

$$C_{n,4} = C_{1,1} . (n-3)? + C_{2,1} . (n-4)? + C_{3,1} . (n-5)? + ... + (n-3) . C_{n,n}$$

Uma outra maneira de apresentar a referida expressão é a seguinte:

$$C_{n,4} = C_{1,0} \cdot (n-3)? + C_{2,1} \cdot (n-4)? + C_{3,2} \cdot (n-5)?$$
$$+ C_{4,3} \cdot (n-6)? + C_{5,4} \cdot (n-7)? + \dots + (n-3) \cdot C_{n,n}$$

Pois, sabe-se que:

$C_{1,0} = 1$
$C_{2,1} = 2$
$C_{3,2} = 3$
$C_{4,3} = 4$
$C_{5,4} = 5$

E assim segue-se sucessivamente. Com relação à última expressão, posso escrever que:

$$C_{n,4} = C_{1,\,1-1} \cdot (n-3)? + C_{2,\,2-1} \cdot (n-4)? + C_{3,\,3-1} \cdot (n-5)? + C_{4,\,4-1} \cdot (n-6)? + C_{5,\,5-1} \cdot (n-7)? + \dots + (n-3) \cdot C_{n,n}$$

5- Quarta Equação Seguimental Combinatória ($C_{n,5}$)

Considere a seguinte apresentação exemplificativa:

$C_{n,2}$	$C_{n,3}$	$C_{n,4}$	$C_{n,5}$
$C_{2,2} = 1$	$C_{3,3} = 1$	$C_{4,4} = 1$	$C_{5,5} = 1$
$C_{3,2} = 3$	$C_{4,3} = 4$	$C_{5,4} = 5$	$C_{6,5} = 6$
$C_{4,2} = 6$	$C_{5,3} = 10$	$C_{6,4} = 15$	$C_{7,5} = 21$
$C_{5,2} = 10$	$C_{6,3} = 20$	$C_{7,4} = 35$	$C_{8,5} = 56$
$C_{6,2} = 15$	$C_{7,3} = 35$	$C_{8,4} = 70$	$C_{9,5} = 126$

| $C_{7,2} = 21$ | $C_{8,3} = 56$ | $C_{9,4} = 126$ | $C_{10,5} = 252$ |
| $C_{8,2} = 28$ | $C_{9,3} = 84$ | $C_{10,4} = 210$ | $C_{11,5} = 462$ |

Analisando os referidos resultados podem-se deduzir as seguintes verdades:

a) $C_{6,5} = C_{5,4} + C_{4,4} = 6$

Demonstrei que:

$$C_{5,4} = C_{3,2} + C_{2,2} + C_{2,2}$$

Substituindo convenientemente as duas últimas expressões, vem que:

$$C_{6,5} = C_{3,2} + C_{2,2} + C_{2,2} + C_{4,4}$$

Porém, sabe-se que:

$$C_{4,4} = C_{2,2}$$

Então, vem que:

$$C_{6,5} = C_{3,2} + C_{2,2} + C_{2,2} + C_{2,2}$$

Logo, posso escrever que:

$$C_{6,5} = C_{3,2} + 3 \cdot C_{2,2}$$

b) $C_{7,5} = C_{6,4} + C_{5,4} + C_{4,4} = 21$

Porém, demonstrei que:

$$C_{6,4} = C_{4,2} + C_{3,2} + C_{2,2} + C_{3,2} + C_{2,2} + C_{2,2}$$
$$C_{5,4} = C_{3,2} + C_{2,2} + C_{2,2}$$
$$C_{4,4} = C_{2,2}$$

Substituindo convenientemente os referidos resultados, obtém-se que:

$$C_{7,5} = C_{4,2} + C_{3,2} + C_{2,2} + C_{3,2} + C_{2,2} + C_{2,2} + C_{3,2}$$
$$+ C_{2,2} + C_{2,2}$$

Logo, posso escrever que:

$$\mathbf{C_{7,5} = C_{4,2} + 3 \cdot C_{3,2} + 6 \cdot C_{2,2}}$$

c) $C_{8,5} = C_{7,4} + C_{6,4} + C_{5,4} + C_{4,4} = 56$

Porém, demonstrei que:

$$C_{7,4} = C_{5,2} + C_{4,2} + C_{3,2} + C_{2,2} + C_{4,2} + C_{3,2} + C_{2,2} +$$
$$C_{3,2} + C_{2,2} + C_{2,2}$$
$$C_{6,4} = C_{4,2} + C_{3,2} + C_{2,2} + C_{3,2} + C_{2,2} + C_{2,2}$$
$$C_{5,4} = C_{3,2} + C_{2,2} + C_{2,2}$$
$$C_{4,4} = C_{2,2}$$

Substituindo convenientemente os referidos resultados, obtém-se que:

$$C_{8,5} = C_{5,2} + C_{4,2} + C_{3,2} + C_{2,2} + C_{4,2} + C_{3,2} + C_{2,2} + C_{3,2}$$
$$+ C_{2,2} + C_{2,2} + C_{4,2} + C_{3,2} + C_{2,2} + C_{3,2} + C_{2,2} + C_{2,2} +$$
$$C_{3,2} + C_{2,2} + C_{2,2} + C_{2,2}$$

Logo, posso escrever que:

$$C_{8,5} = C_{5,2} + 3 \cdot C_{4,2} + 6 \cdot C_{3,2} + 10 \cdot C_{2,2}$$

d) $C_{9,5} = C_{8,4} + C_{7,4} + C_{6,4} + C_{5,4} + C_{4,4} = 126$

Porém, demonstrei que:

$$C_{8,4} = C_{6,2} + C_{5,2} + C_{4,2} + C_{3,2} + C_{2,2} + C_{5,2} + C_{4,2} + C_{3,2}$$
$$+ C_{2,2} + C_{4,2} + C_{3,2} + C_{2,2} + C_{3,2} + C_{2,2} + C_{2,2}$$

$$C_{7,4} = C_{5,2} + C_{4,2} + C_{3,2} + C_{2,2} + C_{4,2} + C_{3,2} + C_{2,2} + C_{3,2}$$
$$+ C_{2,2} + C_{2,2}$$

$$C_{6,4} = C_{4,2} + C_{3,2} + C_{2,2} + C_{3,2} + C_{2,2} + C_{2,2}$$

$$C_{5,4} = C_{3,2} + C_{2,2} + C_{2,2}$$

$$C_{4,4} = C_{2,2}$$

Substituindo convenientemente os referidos resultados obtém-se que:

$$C_{9,5} = C_{6,2} + C_{5,2} + C_{4,2} + C_{3,2} + C_{2,2} + C_{5,2} + C_{4,2} + C_{3,2}$$
$$+ C_{2,2} + C_{4,2} + C_{3,2} + C_{2,2} + C_{3,2} + C_{2,2} + C_{2,2} + C_{5,2} +$$
$$C_{4,2} + C_{3,2} + C_{2,2} + C_{4,2} + C_{3,2} + C_{2,2} + C_{3,2} + C_{2,2} + C_{2,2}$$

$+ C_{4,2} + C_{3,2} + C_{2,2} + C_{3,2} + C_{2,2} + C_{2,2} + C_{3,2} + C_{2,2} + C_{2,2} + C_{2,2}$

Logo, posso escrever que:

$$C_{9,5} = C_{6,2} + 3 . C_{5,2} + 6 . C_{4,2} + 10 . C_{3,2} + 15 . C_{2,2}$$

e) $C_{10,5} = C_{9,4} + C_{8,4} + C_{7,4} + C_{6,4} + C_{5,4} + C_{4,4} = 252$

Porém, demonstrei que:

$C_{9,4} = C_{7,2} + C_{6,2} + C_{5,2} + C_{4,2} + C_{3,2} + C_{2,2} + C_{6,2} + C_{5,2} + C_{4,2} + C_{3,2} + C_{2,2} + C_{5,2} + C_{4,2} + C_{3,2} + C_{2,2} + C_{4,2} + C_{3,2} + C_{2,2} + C_{3,2} + C_{2,2} + C_{2,2}$

$C_{8,4} = C_{6,2} + C_{5,2} + C_{4,2} + C_{3,2} + C_{2,2} + C_{5,2} + C_{4,2} + C_{3,2} + C_{2,2} + C_{4,2} + C_{3,2} + C_{2,2} + C_{3,2} + C_{2,2} + C_{2,2}$

$C_{7,4} = C_{5,2} + C_{4,2} + C_{3,2} + C_{2,2} + C_{4,2} + C_{3,2} + C_{2,2} + C_{3,2} + C_{2,2} + C_{2,2}$

$C_{6,4} = C_{4,2} + C_{3,2} + C_{2,2} + C_{3,2} + C_{2,2} + C_{2,2}$

$C_{5,4} = C_{3,2} + C_{2,2} + C_{2,2}$

$C_{4,4} = C_{2,2}$

Substituindo convenientemente os referidos resultados tem-se que:

$C_{10,5} = C_{7,2} + C_{6,2} + C_{5,2} + C_{4,2} + C_{3,2} + C_{2,2} + C_{6,2} + C_{5,2} + C_{4,2} + C_{3,2} + C_{2,2} + C_{5,2} + C_{4,2} + C_{3,2} + C_{2,2} + C_{4,2} + C_{3,2} + C_{2,2} + C_{3,2} + C_{2,2} + C_{2,2} + C_{6,2} + C_{5,2} + C_{4,2} + C_{3,2} + C_{2,2} + C_{5,2} + C_{4,2} + C_{3,2} + C_{2,2} + C_{4,2} + C_{3,2} + C_{2,2} + C_{3,2} + C_{2,2} + C_{2,2} + C_{5,2} + C_{4,2} + C_{3,2} + C_{2,2} + C_{4,2} + C_{3,2} + C_{2,2} + C_{3,2} + C_{2,2} + C_{2,2} + C_{4,2} + C_{3,2} + C_{2,2} + C_{3,2} + C_{2,2} + C_{2,2} + C_{3,2} + C_{2,2} + C_{2,2} + C_{2,2}$

Logo, posso escrever que:

$$C_{10,5} = C_{7,2} + 3 \cdot C_{6,2} + 6 \cdot C_{5,2} + 10 \cdot C_{4,2} + 15 \cdot C_{3,2} + 21 \cdot C_{2,2}$$

f) $C_{11,5} = C_{10,4} + C_{9,4} + C_{8,4} + C_{7,4} + C_{6,4} + C_{5,4} + C_{4,4} = 462$

Porém, demonstrei que:

$C_{10,4} = C_{8,2} + C_{7,2} + C_{6,2} + C_{5,2} + C_{4,2} + C_{3,2} + C_{2,2} + C_{7,2} + C_{6,2} + C_{5,2} + C_{4,2} + C_{3,2} + C_{2,2} + C_{6,2} + C_{5,2} + C_{4,2} + C_{3,2} + C_{2,2} + C_{5,2} + C_{4,2} + C_{3,2} + C_{2,2} + C_{4,2} + C_{3,2} + C_{2,2} + C_{3,2} + C_{2,2} + C_{2,2}$

$C_{9,4} = C_{7,2} + C_{6,2} + C_{5,2} + C_{4,2} + C_{3,2} + C_{2,2} + C_{6,2} + C_{5,2} + C_{4,2} + C_{3,2} + C_{2,2} + C_{5,2} + C_{4,2} + C_{3,2} + C_{2,2} + C_{4,2} + C_{3,2} + C_{2,2} + C_{3,2} + C_{2,2} + C_{2,2}$

$C_{8,4} = C_{6,2} + C_{5,2} + C_{4,2} + C_{3,2} + C_{2,2} + C_{5,2} + C_{4,2} + C_{3,2} + C_{2,2} + C_{4,2} + C_{3,2} + C_{2,2} + C_{3,2} + C_{2,2} + C_{2,2}$

$$C_{7,4} = C_{5,2} + C_{4,2} + C_{3,2} + C_{2,2} + C_{4,2} + C_{3,2} + C_{2,2} + C_{3,2}$$
$$+ C_{2,2} + C_{2,2}$$

$$C_{6,4} = C_{4,2} + C_{3,2} + C_{2,2} + C_{3,2} + C_{2,2} + C_{2,2}$$

$$C_{5,4} = C_{3,2} + C_{2,2} + C_{2,2}$$

$$C_{4,4} = C_{2,2}$$

Substituindo convenientemente os referidos resultados têm-se que:

$$C_{11,5} = C_{8,2} + C_{7,2} + C_{6,2} + C_{5,2} + C_{4,2} + C_{3,2} + C_{2,2} +$$
$$C_{7,2} + C_{6,2} + C_{5,2} + C_{4,2} + C_{3,2} + C_{2,2} + C_{6,2} + C_{5,2} + C_{4,2}$$
$$+ C_{3,2} + C_{2,2} + C_{5,2} + C_{4,2} + C_{3,2} + C_{2,2} + C_{4,2} + C_{3,2} +$$
$$C_{2,2} + C_{3,2} + C_{2,2} + C_{2,2} + C_{7,2} + C_{6,2} + C_{5,2} + C_{4,2} + C_{3,2}$$
$$+ C_{2,2} + C_{6,2} + C_{5,2} + C_{4,2} + C_{3,2} + C_{2,2} + C_{5,2} + C_{4,2} +$$
$$C_{3,2} + C_{2,2} + C_{4,2} + C_{3,2} + C_{2,2} + C_{3,2} + C_{2,2} + C_{2,2} + C_{6,2}$$
$$+ C_{5,2} + C_{4,2} + C_{3,2} + C_{2,2} + C_{5,2} + C_{4,2} + C_{3,2} + C_{2,2} +$$
$$C_{4,2} + C_{3,2} + C_{2,2} + C_{3,2} + C_{2,2} + C_{2,2} + C_{5,2} + C_{4,2} + C_{3,2}$$
$$+ C_{2,2} + C_{4,2} + C_{3,2} + C_{2,2} + C_{3,2} + C_{2,2} + C_{2,2} + C_{4,2} +$$
$$C_{3,2} + C_{2,2} + C_{3,2} + C_{2,2} + C_{2,2} + C_{3,2} + C_{2,2} + C_{2,2} + C_{2,2}$$

Logo, posso escrever que:

$$C_{11,5} = C_{8,2} + 3 \cdot C_{7,2} + 6 \cdot C_{6,2} + 10 \cdot C_{5,2} + 15 \cdot C_{4,2} +$$
$$21 \cdot C_{3,2} + 28 \cdot C_{2,2}$$

Generalizando os resultados obtidos até o presente momento, posso escrever que:

$$C_{n,5} = 1 . C_{n-3,2} + 3 . C_{n-4,2} + 6 . C_{n-5,2} + 10 . C_{n-6,2} + 15 . C_{n-7,2} + 21 . C_{n-8,2} + 28 . C_{2,2}$$

Também, posso escrever que:

$$C_{n,5} = 1 . C_{n-3,2} + 3 . C_{n-4,2} + 6 . C_{n-5,2} + 10 . C_{n-6,2} + 15 . C_{n-7,2} + 21 . C_{n-8,2} + 28 . C_{n-(n-2),2}$$

Em parágrafos anteriores, demonstrei que:

$$C_{n,2} = (n - 1)?$$

Logo, posso concluir que:

$$C_{n-3,2} = (n - 3 - 1) = (n - 4)?$$
$$C_{n-4,2} = (n - 4 - 1) = (n - 5)?$$
$$C_{n-5,2} = (n - 5 - 1) = (n - 6)?$$
$$C_{2,2} = [n - (n - 1)]? = 1$$

Então, substituindo convenientemente as referidas conclusões na equação anteriormente apresentada, vem que:

$$C_{n,5} = 1 . (n - 4)? + 3 . (n - 5)? + 6 . (n - 6)? 10 . (n - 7)? + 15 . (n - 8)? + 21 . (n - 9)? + 28 . [n - (n - 1)]?$$

Onde n = 11. É muito interessante observar que:

$C_{2,0} = 1$
$C_{3,1} = 3$
$C_{4,2} = 6$
$C_{5,3} = 10$
$C_{6,4} = 15$
$C_{7,5} = 21$
$C_{8,6} = 28$

Assim, substituindo convenientemente os referidos resultados na última expressão, vêm que:

$$C_{n,5} = C_{2,0} \cdot (n-4)? + C_{3,1} \cdot (n-5)? + C_{4,2} \cdot (n-6)? + C_{5,3} \cdot (n-7)? + C_{6,4} \cdot (n-8)? + C_{7,5} \cdot (n-9)? + C_{8,6} \cdot (n-10)?$$

Onde, evidentemente n = 11. Logo, generalizando a referida expressão para qualquer valor de n, posso escrever que:

$$C_{n,5} = C_{2,0} \cdot (n-4)? + C_{3,1} \cdot (n-5)? + C_{4,2} \cdot (n-6)? + ... + C_{n-3,n-5} \cdot [n-(n-1)]?$$

Com relação à última expressão, posso escrever que:

$$C_{n,5} = C_{2,2-2} \cdot (n-4)? + C_{3,3-2} \cdot (n-5)? + C_{4,4-2} \cdot (n-6)? + ... + C_{n-3,n-5} \cdot [n-(n-1)]?$$

6- Observações quanto as equações: $(C_{n,3})$; $(C_{n,4})$; (C_{n-5})

Demonstrei anteriormente que:

1) $C_{n,3} = (n - 2)? + (n - 3)? + (n - 4)? + ... + [n - (n - 1)]?$

2) $C_{n,4} = C_{1,1-1} \cdot (n - 3)? + C_{2,2-1} \cdot (n - 4)? + C_{3,3-1} \cdot (n - 5)? + ... + C_{n-3,n-4} \cdot [n - (n - 1)]?$

3) $C_{n,5} = C_{2,2-2} \cdot (n - 4)? + C_{3,3-2} \cdot (n - 5)? + C_{4,4-2} \cdot (n - 6)? + ... + C_{n-3,n-5} \cdot [n - (n - 1)]?$

Usando a mesma linha de raciocínio empregada para obter as equações anteriores, posso chegar a uma generalização total para qualquer equação, a saber:

$C_{n,p} = C_{(p-3) + 0,0} \cdot \{n - [(p - 1) + 0]\}? + C_{(p-3) + 1,1} \cdot \{n - [(p - 1) + 1]\}? + C_{(p-3) + 2,2} \cdot \{n - [(p - 1) + 2]\}? + ... + C_{(n-3),(n-p)} \cdot [n - (n - 1)]?$

Uma outra maneira de apresentar a referida equação é a seguinte:

$C_{n,p} = C_{(p-3) + 0,0} \cdot \{[(n - p) + 1] - 0\}? + C_{(p-3) + 1,1} \cdot \{[(n - p) + 1] - 1\}? + C_{(p-3) + 2,2} \cdot \{[(n - p) + 1] - 2\}? + ... + C_{(n-3),(n-p)} \cdot [n - (n - 1)]?$

Para simplificar a equação apresentada basta simplesmente simbolizar os valores constantes da equação. Assim, posso escrever que:

$$[(n - p) + 1] = \Omega$$
$$p - 3 = \Delta$$

Logo, substituindo convenientemente os referidos símbolos, resulta que:

$$C_{n,p} = C_{\Delta + 0,0} \cdot (\Omega - 0)? + C_{\Delta + 1,1} \cdot (\Omega - 1)? + C_{\Delta + 2,2} \cdot (\Omega - 2)? + ... + C_{(n-3),\Omega-1} \cdot (1)?$$

Para se efetuar desenvolvimento do ***termo geral***, considere o seguinte:

$$T_1 = C_{n,p} = C_{\Delta + 0,0} \cdot (\Omega - 0)?$$
$$T_2 = C_{\Delta + 1,1} \cdot (\Omega - 1)?$$
$$T_3 = C_{\Delta + 2,2} \cdot (\Omega - 2)?$$
$$T_{r + 1} = C_{\Delta + r,r} \cdot (\Omega - r)?$$
$$T_n = C_{(n-3),(\Omega-1)} \cdot 1?$$

Um termo qualquer de ordem **r + 1** é expresso por:

$$T_{r +1} = C_{\Delta + r,r} \cdot (\Omega - r)?$$

Dessa maneira, por exemplo:

a) O primeiro termo é caracterizado por:

$$T_1 = C_{\Delta + 0,0} \cdot (\Omega - 0)? = \Omega?$$

b) O segundo termo é caracterizado por:

$$T_2 = C_{\Delta + 1,1} \cdot (\Omega - 1)? = (\Delta + 1) \cdot (\Omega - 1)?$$

c) O terceiro termo é caracterizado por:

$$T_3 = C_{\Delta + 2,2} \cdot (\Omega - 2)? = (\Delta + 1)? \cdot (\Omega - 2)?$$

d) O termo T_n, é caracterizado por:

$$C_{(n-3),(\Omega-1)} \cdot 1? = C_{(n-3),(\Omega-1)}$$

7- Primeira Equação e a Operação Seguimental

Demonstrei que:

$$C_{n,2} = (n - 1)?$$

Onde o símbolo (**?**) representa a operação seguimental. Desse modo a seguimental de um número qualquer é representada por:

$$p_n = n?$$

De um modo mais geral, posso escrever que:

$$P_n = (n - 0) + (n - 1) + (n - 2) + ... + (n - n)$$

Então, concluí-se que a seguimental nada mais é do que a simbolização da fórmula com a qual se costuma calcular a soma dos (n) termos de uma progressão aritmética finita. Tal soma é obtida multiplicando-se a média aritmética dos extremos pelo número de termos.

Portanto, posso escrever que:

$$n? = n . (n + 1)/2$$

Assim, afirmo que:

$$(n - 1)? = (n - 1) . [(n - 1) + 1]/2$$

Logo, vem que:

$$(n - 1)? = (n - 1) . n/2$$

Agora, posso concluir que:

$$(n - 1)? = (n^2 - n)/2$$

Portanto, posso afirmar que:

$$C_{n,2} = (n^2 - n)/2$$

Que é o resultado que eu desejava demonstrar.

8- Demonstrações e a Segunda Equação

Demonstrei que:

$$C_{n-3} = C_{n-1,2} + C_{n-2,2} + C_{n-3,2} + \ldots + C_{2,2}$$

O resultado da minha demonstração afirma que:

$$C_{n,2} = (n-1) \cdot n/2$$

Substituindo convenientemente os termos de $C_{n,3}$ em $C_{n,2}$, vem que:

a) $C_{n-1,2} = [(n-1) - 1] \cdot (n-1)/2 = (n-2) \cdot (n-1)/2$

b) $C_{n-2,2} = [(n-2) - 1] \cdot (n-2)/2 = (n-3) \cdot (n-2)/2$

c) $C_{n-3,2} = [(n-3) - 1] \cdot (n-3)/2 = (n-4) \cdot (n-3)/2$

Desse modo, posso concluir que:

$$C_{n,3} = (n-2) \cdot (n-1)/2 + (n-3) \cdot (n-2)/2 + (n-4) \cdot (n-3)/2 + \ldots + (n-n) \cdot [(n-(n-1)]/2$$

Agora posso escrever que:

$$C_{n,3} = \tfrac{1}{2} \cdot \{(n-2) \cdot (n-1) + (n-3) \cdot (n-2) + (n-4) \cdot (n-3) + \ldots + (n-n) \cdot [n-(n-1)]\}$$

Vou introduzir uma forma de simbolização para efeito de simplificação, fundamentada na seguinte igualdade:

$$\alpha_r = (n - r)$$

Assim, posso escrever que:

$$C_{n,3} = \tfrac{1}{2} . (\alpha_2 . \alpha_1 + \alpha_3 . \alpha_2 + \alpha_4 . \alpha_3 + ... + \alpha_n . \alpha_{n-1})$$

Agora, simbolizando o termo:

$$\alpha_r . \alpha_{r-1} = \Delta_r$$

Posso escrever que:

$$C_{n,3} = \tfrac{1}{2} . (\Delta_2 + \Delta_3 + \Delta_4 + ... + \Delta_n)$$

9- Demonstrações e a Terceira Equação Seguimental

Demonstrei que:

$$C_{n-4} = 1 . C_{n-2,2} + 2 . C_{n-3,2} + 3 . C_{n-4,2} + ... + (n - 3) . C_{2,2}$$

O resultado da demonstração anteriormente apresentada afirma que:

$$C_{n,2} = (n-1) \cdot n/2$$

Substituindo convenientemente os termos de $C_{n,4}$ em $C_{n,2}$, vem que:

a) $C_{n-2,2} = [(n-2)-1] \cdot (n-2)/2 = (n-3) \cdot (n-2)/2$

b) $C_{n-3,2} = [(n-3)-1] \cdot (n-3)/2 = (n-4) \cdot (n-3)/2$

c) $C_{n-4,2} = [(n-4)-1] \cdot (n-4)/2 = (n-5) \cdot (n-4)/2$

Desse modo, posso concluir que:

$$C_{n,4} = [1 \cdot (n-3) \cdot (n-2)/2] + [2 \cdot (n-4) \cdot (n-3)/2] + [3 \cdot (n-5) \cdot (n-4)/2] + \dots + (n-3)$$

Agora posso escrever que:

$$C_{n,4} = \tfrac{1}{2} \cdot [1(n-3) \cdot (n-2) + 2 \cdot (n-4) \cdot (n-3) + 3 \cdot (n-5) \cdot (n-4) + \dots + 2 \cdot (n-3)]$$

Simbolizando o termo $(n-r)$ para α_r, tem-se que:

$$C_{n,4} = \tfrac{1}{2} \cdot (1 \cdot \alpha_3 \cdot \alpha_2 + 2 \cdot \alpha_4 \cdot \alpha_3 + 3 \cdot \alpha_5 \cdot \alpha_4 + \dots + 2 \cdot \alpha_3)$$

Agora, simbolizando o termo:

$$\alpha_r \cdot \alpha_{r-1} = \Delta_r$$

Assim, posso escrever que:

$$C_{n,4} = \tfrac{1}{2} \cdot (1 \cdot \Delta_3 + 2 \cdot \Delta_4 + 3 \cdot \Delta_5 + ... + 2 \cdot \alpha_3)$$

Porém:

$$2 = n - (n - 2)$$

Portanto, afirmo que:

$$\alpha_{n-2} = [n - (n - 2)]$$

Ou seja:

$$\alpha_{\alpha2} = \alpha_{n-2}$$

Assim, posso escrever que:

$$C_{n,4} = \tfrac{1}{2} \cdot (1 \cdot \Delta_3 + 2 \cdot \Delta_4 + 3 \cdot \Delta_5 + ... + \alpha_{\alpha2} \cdot \alpha_3)$$

10- Demonstrações e a Quarta Equação Seguimental

Demonstrei que:

$$C_{n-5} = C_{2,0} \cdot C_{n-3,2} + C_{3,1} \cdot C_{n-4,2} + C_{4,2} \cdot C_{n-5,2} + ... + C_{n-3,\,n-5} \cdot C_{2,2}$$

O resultado da demonstração afirma que:

$$C_{n,2} = (n-1) \cdot n/2$$

Logicamente, posso escrever que:

a) $C_{n-3,2} = [(n-3) - 1] \cdot (n-3)/2 = (n-4) \cdot (n-3)/2$

b) $C_{n-4,2} = [(n-4) - 1] \cdot (n-4)/2 = (n-5) \cdot (n-4)/2$

c) $C_{n-5,2} = [(n-5) - 1] \cdot (n-5)/2 = (n-6) \cdot (n-5)/2$

Assim, substituindo convenientemente as referidas expressões, tem-se que:

$$C_{n,5} = [C_{2,0} \cdot (n-4) \cdot (n-3)/2] + [C_{3,1} \cdot (n-5) \cdot (n-4)/2] + [C_{4,2} \cdot (n-6) \cdot (n-5)/2] + \ldots + C_{n-3,n-5}$$

Agora, posso escrever que:

$$C_{n,5} = \frac{1}{2} \cdot [C_{2,0} \cdot (n-4) \cdot (n-3) + C_{3,1} \cdot (n-5) \cdot (n-4) + C_{4,2} \cdot (n-6) \cdot (n-5) + \ldots + 2 \cdot C_{n-3,n-5}]$$

Simbolizando o termo $(n-r)$ para α_r, tem-se que:

$$C_{n,5} = \frac{1}{2} \cdot (C_{2,0} \cdot \alpha_4 \cdot \alpha_3 + C_{3,1} \cdot \alpha_5 \cdot \alpha_4 + C_{4,2} \cdot \alpha_6 \cdot \alpha_5 + \ldots + 2 \cdot C_{n-3,n-5})$$

Agora, simbolizando o termo:

$$\Delta_r = \alpha_r . \alpha_{r-1}$$

Posso escrever que:

$$C_{n,5} = \frac{1}{2} . (C_{2,0} . \Delta_4 + C_{3,1} . \Delta_5 + C_{4,2} . \Delta_6 + ... + 2 . C_{n-3, n-5})$$

No parágrafo anterior afirmei que:

$$2 = \alpha_{\alpha2}$$

$$C_{n,5} = \frac{1}{2} . (C_{2,0} . \Delta_4 + C_{3,1} . \Delta_5 + C_{4,2} . \Delta_6 + ... + \alpha_{\alpha 2} . C_{\alpha3, \alpha5})$$

11- Generalização

Considere as seguintes equações:

1) $C_{n,3} = \frac{1}{2} . (\Delta_2 + \Delta_3 + \Delta_4 + ... + \Delta_n)$

2) $C_{n,4} = \frac{1}{2} . (1 . \Delta_3 + 2 . \Delta_4 + 3 . \Delta_5 + ... + \alpha_{\alpha2} . \alpha_3)$

3) $C_{n,5} = \frac{1}{2} . (C_{2,0} . \Delta_4 + C_{3,1} . \Delta_5 + C_{4,2} . \Delta_6 + ... + \alpha_{\alpha,2} . C_{\alpha3, \alpha5})$

Agora, vou procurar generalizar os referidos resultados para qualquer um:

$$C_{n,p} = \frac{1}{2} \cdot [C_{(p-3) + 0,0} \cdot \Delta_{(p-1) + 0} + C_{(p-3) + 1,1} \cdot \Delta_{(p-1) + 1} +$$
$$C_{(p-3) + 2,2} \cdot \Delta_{(p-1) + 2} + ... + \alpha_{\alpha2} \cdot C_{\alpha3 . \alpha p}]$$

Simbolizando os termos:

$$p - 3 = r$$
$$p - 1 = \gamma$$

Então, posso escrever que:

$$C_{n,p} = \frac{1}{2} \cdot [C_{\Omega + 0,0} \cdot \Delta_{\gamma + 0} + C_{\Omega + 1,1} \cdot \Delta_{\gamma + 1} + C_{\Omega + 2,2} \cdot \Delta_{\gamma + 2} + ... + \alpha_{\alpha2} \cdot C_{\alpha3,\alpha p}]$$

Para efetuar o desenvolvimento do termo geral da referida expressão, considere o seguinte:

$$T_1 = C_{n,p} = C_{\Omega + 0,0} \cdot \Delta_{\gamma + 0}/2$$
$$T_2 = C_{\Omega + 1,1} \cdot \Delta_{\gamma + 1}/2$$
$$T_3 = C_{\Omega + 2,2} \cdot \Delta_{\gamma + 2}/2$$
$$T_{r + 1} = C_{\Omega + r,r} \cdot \Delta_{\gamma + r}/2$$
$$T_n = \alpha_{\alpha2} \cdot C_{\alpha3, \alpha p}/2$$

Um termo qualquer de ordem T_{r+1} é caracterizado por:

$$T_{r+1} = C_{\Omega + r,r} \cdot \Delta_{\gamma + r}/2$$

Dessa maneira, por exemplo:

a) $T_1 = C_{\Omega + 0,0} \cdot \Delta_{\gamma + 0}/2 = \Delta_\gamma/2$

b) $T_2 = C_{\Omega + 1,1} \cdot \Delta_{\gamma + 1}/2 = (\Omega + 1) \cdot (\Delta_{\gamma + 1})/2$

c) $T_3 = C_{\Omega + 2,2} \cdot \Delta_{\gamma + 2}/2 = (\Omega + 1)? \cdot (\Delta_{\gamma + 2})/2$

d) $T_n = \alpha_{\alpha 2} \cdot C_{\alpha 3, \alpha p}/2 = C_{\alpha 3, \alpha p}$

CAPÍTULO II

CÁLCULO SEGUIMENTAL E ARRANJOS

1- Introdução

Chama-se ($A_{n,\,p}$), o número de arranjos, de (**n**) elementos (**p**) a (**p**). Então, se (**A**) é um conjunto com (**n**) elementos, as *p-uplas* ordenadas (sucessões como p elementos) formadas com elementos distintos de (**A**), constituem agrupamentos que são denominados "arranjos" dos (**n**) elementos de (**A**), (**p**) a (**p**).

Em tal agrupamento a "ordem" em que os elementos aparecem é fundamental.

No cálculo dos arranjos a seguinte expressão matemática tem uma importância fundamental.

$$A_{n,p} = n!/(n-p)!$$

2- Tabelas de Verificações de Arranjos

Para efeito de estudo considere os seguintes resultados:

$Na_{,1}$	$A_{n,2}$	$A_{n,3}$	$A_{n,4}$
$A_{1,1} = 1$	$A_{2,2} = 2$	$A_{3,3} = 6$	$A_{4,4} = 24$
$A_{2,1} = 2$	$A_{3,2} = 6$	$A_{4,3} = 24$	$A_{5,4} = 120$
$A_{31} = 3$	$A_{4,2} = 12$	$A_{5,3} = 60$	$A_{6,4} = 360$
$A_{4,1} = 4$	$A_{5,2} = 20$	$A_{6,3} = 120$	$A_{7,4} = 840$
$A_{5,1} = 5$	$A_{6,2} = 30$	$A_{7,3} = 210$	$A_{8,4} = 1.680$
$A_{6,1} = 6$	$A_{7,2} = 42$	$A_{8,3} = 336$	$A_{9,4} = 3.024$
$A_{7,1} = 7$	$A_{8,2} = 56$	$A_{9,3} = 504$	$A_{10,4} = 5.040$
$A_{8,1} = 8$	$A_{9,2} = 72$	$A_{10,3} = 720$	$A_{11,4} = 7.920$

$A_{n,5}$	$A_{n,6}$
$A_{5,5} = 120$	$A_{6,6} = 720$
$A_{6,5} = 720$	$A_{7,6} = 5.040$
$A_{7,5} = 2.520$	$A_{8,6} = 20.160$
$A_{8,5} = 6.720$	$A_{9,6} = 60.480$
$A_{9,5} = 15.120$	$A_{10,6} = 151.200$
$A_{10,5} = 30.240$	$A_{11,6} = 332.640$
$A_{11,5} = 55.440$	$A_{12,6} = 665.280$
$A_{12,4} = 95.040$	$A_{13,6} = 1.235.520$

3- Equação Seguimental Arranjatoria Primária ($A_{n, 1}$)

A tabela do parágrafo dois do presente capítulo permite concluir facilmente que:

$$A_{n, 1} = n$$

4- Primeira Equação Seguimental Arranjatoria ($A_{n, 2}$)

Considere a seguinte tabela:

$A_{n,1}$	$A_{n,2}$
$A_{1,1} = 1$	$A_{2,2} = 2$
$A_{2,1} = 2$	$A_{3,2} = 6$
$A_{3,1} = 3$	$A_{4,2} = 12$
$A_{4,1} = 4$	$A_{5,2} = 20$
$A_{5,1} = 5$	$A_{6,2} = 30$
$A_{6,1} = 6$	$A_{7,2} = 42$
$A_{7,1} = 7$	$A_{8,2} = 56$
$A_{8,1} = 8$	$A_{9,2} = 72$

Analisando a referida tabela, posso afirmar que:

a) $A_{2,2} = 2 \cdot (A_{1,1}) = 2$
b) $A_{3,2} = 2 \cdot (A_{2,1} + A_{1,1}) = 6$
c) $A_{4,2} = 2 \cdot (A_{3,1} + A_{2,1} + A_{1,1}) = 12$
d) $A_{5,2} = 2 \cdot (A_{4,1} + A_{3,1} + A_{2,1} + A_{1,1}) = 20$
e) $A_{6,2} = 2 \cdot (A_{5,1} + A_{4,1} + A_{3,1} + A_{2,1} + A_{1,1}) = 30$
f) $A_{7,2} = 2 \cdot (A_{6,1} + A_{5,1} + A_{4,1} + A_{3,1} + A_{2,1} + A_{1,1}) = 42$
g) $A_{8,2} = 2 \cdot (A_{7,1} + A_{6,1} + A_{5,1} + A_{4,1} + A_{3,1} + A_{2,1} + A_{1,1}) = 56$
h) $A_{9,2} = 2 \cdot (A_{8,1} + A_{7,1} + A_{6,1} + A_{5,1} + A_{4,1} + A_{3,1} + A_{2,1} + A_{1,1}) = 72$

Desse modo, generalizando os referidos resultados, posso escrever que:

$$A_{n,2} = 2 \cdot (n-1)?$$

Onde o símbolo (**?**) representa ao que denominei por operação seguimental. Assim, a seguimental de um número qualquer é representado por:

$$P_n = n?$$

De uma forma mais geral, posso escrever que:

$$P_n = (n - 0) + (n - 1) + (n - 2) + ... + (n - n)$$

Logo, posso concluir que a seguimental nada mais é do que a simbolização matemática da equação com a qual se costuma calcular a soma dos (**n**) termos de uma progressão aritmética finita. Tal soma é obtida multiplicando-se a média aritmética dos extremos pelo número de termos. Assim, posso escrever que:

$$n? = n \cdot (n + 1)/2$$

Desse modo afirmo que:

$$(n - 1)? = (n - 1) \cdot [(n - 1) + 1]/2$$

Então, vem que:

$$(n - 1)? = (n - 1) \cdot n/2$$

Assim, resulta que:

$$(n - 1)? = (n^2 - n)/2$$

Substituindo a referida expressão na primeira equação arranjatoria, vem que:

$$A_{n,2} = 2 \cdot (n^2 - n)/2$$

Eliminando os termos em evidência, resulta que:

$$A_{n,2} = n^2 - n$$

Um estudo da primeira equação arranjatoria, sob o ponto de vista da progressão aritmética, permite o desenvolvimento da seguinte demonstração:
Considere a seguinte sucessão:

$(A_{2,2} = 2; A_{3,2} = 6; A_{4,2} = 12; A_{5,2} = 20; A_{6,2} = 30; A_{7,2} = 42; A_{8,2} = 56; A_{9,2} = 72)$

Observe, agora, a diferença entre cada elemento, a partir do segundo e o seu anterior.

$B_1 = A_{3,2} - A_{2,2} = 4$
$B_2 = A_{4,2} - A_{3,2} = 6$
$B_3 = A_{5,2} - A_{4,2} = 8$
$B_4 = A_{6,2} - A_{5,2} = 10$
$B_5 = A_{7,2} - A_{6,2} = 12$
$B_6 = A_{8,2} - A_{7,2} = 14$
$B_7 = A_{9,2} - A_{8,2} = 16$

Agora, considere a nova sucessão:

$$(B_1 = 4; B_2 = 6; B_3 = 8; B_4 = 10; B_5 = 12; B_6 = 14; B_7 = 16)$$

Observe que a diferença entre cada elemento a partir do segundo e o seu anterior é sempre dois (02).

$$B_2 - B_1 = B_3 - B_2 = B_4 - B_3 = B_5 - B_4 = B_6 - B_5 = B_7 - B_6 = 2$$

Uma sucessão assim é denominada por progressão aritmética. Desse modo, se a sucessão $(B_1, B_2, B_3, B_4, B_5, B_6, B_7)$ é uma progressão aritmética, têm-se que:

$$B_2 - B_1 = B_3 - B_2 = B_4 - B_3 = B_5 - B_4 = B_6 - B_5 = B_7 - B_6 = r$$

Sendo que a seqüência $(B_1, B_2, B_3, \dots, B_n)$ é uma progressão aritmética de razão r. Nota-se que:

$$B_2 = B_1 + r$$
$$B_3 = B_2 + r$$

Substituindo convenientemente as duas últimas expressões, vem que:

$$B_3 = B_1 + r + r$$

Ou seja:

$$B_3 = B_1 + 2 \cdot r$$

Considere agora o seguinte:

$$B_4 = B_3 + r$$

Substituindo convenientemente as duas últimas expressões, vem que:

$$B_4 = B_1 + 2 \cdot r + r$$

Ou seja:

$$B_4 = B_1 + 3 \cdot r$$

Considere agora o seguinte:

$$B_5 = B_4 + r$$

Substituindo convenientemente as duas últimas expressões, vem que:

$$B_5 = B_1 + 3 \cdot r + r$$

Ou seja:

$$B_5 = B_1 + 4 \cdot r$$

De forma generalizada, o termo de ordem **n**, isto é, B_n, é expresso por:

$$B_n = B_1 + (n - 1) . r$$

Porém, verificou-se que:

$$r = 2$$
$$B_1 = 4$$

Então, com relação à última expressão, posso escrever que:

$$B_n = 4 + (n - 1) . 2$$

Logo, posso afirmar que:

$$B_n = 4 + 2n - 2$$

Assim, resulta que:

$$B_n = 2 + 2n$$

Então, posso escrever que:

$$B_n = 2 . (n + 1)$$

Para deduzir uma nova expressão matemática, considere a seguinte tabela:

$$A_{3,2} = A_{2,2} + B_1$$
$$A_{4,2} = A_{3,2} + B_2$$
$$A_{5,2} = A_{4,2} + B_3$$
$$A_{6,2} = A_{5,2} + B_4$$
$$A_{7,2} = A_{6,2} + B_5$$
$$A_{8,2} = A_{7,2} + B_6$$
$$A_{9,2} = A_{8,2} + B_7$$

Então, posso definir as seguintes equações:

$$A_{3,2} = A_{2,2} + B_1$$
$$A_{4,2} = A_{3,2} + B_2$$

Substituindo convenientemente as duas últimas expressões, vem que:

$$\mathbf{A_{4,2} = A_{2,2} + B_1 + B_2}$$

Sabe-se que:

$$A_{5,2} = A_{4,2} + B_3$$

Então, substituindo convenientemente as duas últimas expressões, vem que:

$$\mathbf{A_{5,2} = A_{2,2} + B_1 + B_2 + B_3}$$

Sabe-se que:

$$A_{6,2} = A_{5,2} + B_4$$

Substituindo convenientemente as duas últimas expressões, vem que:

$$A_{6,2} = A_{2,2} + B_1 + B_2 + B_3 + B_4$$

Sabe-se que:

$$A_{7,2} = A_{6,2} + B_5$$

Substituindo convenientemente as duas últimas expressões, vem que:

$$A_{7,2} = A_{2,2} + B_1 + B_2 + B_3 + B_4 + B_5$$

E assim, sucessivamente; então, generalizando a referida conclusão, posso escrever que:

$$A_{n,2} = A_{2,2} + B_1 + B_2 + B_3 + ... + B_{n-2}$$

Porém, demonstrei que:

$$B_n = 2 \cdot (n + 1)$$

Substituindo convenientemente as duas últimas expressões, vem que:

$$A_{n,2} = A_{2,2} + 2 \times 2 + 2 \times 3 + 2 \times 4 + ... + 2 \cdot (n - 1)$$

Logicamente, posso escrever que:

$$A_{n,2} = A_{2,2} + 2 \cdot [2 + 3 + 4 + ... + (n - 1)]$$

Porém, sabe-se pela matemática que a soma de **n** termos de uma progressão aritmética finita é obtida multiplicando-se a média aritmética dos extremos pelo número de termos.

Ou seja:

$$a_1 + a_2 + a_3 + ... + a_n = n \cdot (a_1 + a_n)/2$$

Então, com relação à expressão que deduzi anteriormente, posso escrever que:

$$2 + 3 + 4 + ... + (n - 1) = (n - 2) \cdot [2 + (n - 1)]/2$$

Assim, substituindo convenientemente o referido resultado na expressão apresentada anteriormente, vem que:

$$A_{n,2} = A_{2,2} + 2 \cdot (n - 2) \cdot [2 + (n - 1)]/2$$

Logo, resulta que:

$$A_{n,2} = A_{2,2} + (n - 2) \cdot [2 + (n - 1)]$$

Posso escrever que:

$$A_{n,2} = A_{2,2} + 2 \cdot (n - 2) + (n - 2) \cdot (n - 1)$$

Portanto:

$$A_{n,2} = A_{2,2} + 2 \cdot n - 4 + n^2 - 3 \cdot n + 2$$

Logo, vem que:

$$\mathbf{A_{n,2} = A_{2,2} + n^2 - n - 2}$$

Porém, sabe-se que:

$$A_{2,2} = 2$$

Assim, posso escrever que:

$$A_{n,2} = 2 + n^2 - n - 2$$

Portanto, resulta que:

$$\mathbf{A_{n,2} = n^2 - n}$$

Sendo que tal resultado, eu já o havia deduzido anteriormente por um outro caminho.

5- Segunda Equação Seguimental Arranjatoria $(A_{n,3})$

Considere a seguinte tabela:

$A_{n,1}$	$A_{n,2}$	$A_{n,3}$
$A_{1,1} = 1$	$A_{2,2} = 2$	$A_{3,3} = 6$
$A_{2,1} = 2$	$A_{3,2} = 6$	$A_{4,3} = 24$
$A_{3,1} = 3$	$A_{4,2} = 12$	$A_{5,3} = 60$
$A_{4,1} = 4$	$A_{5,2} = 20$	$A_{6,3} = 120$
$A_{5,1} = 5$	$A_{6,2} = 30$	$A_{7,3} = 210$
$A_{6,1} = 6$	$A_{7,2} = 42$	$A_{8,3} = 336$
$A_{7,1} = 7$	$A_{8,2} = 56$	$A_{9,3} = 504$
$A_{8,1} = 8$	$A_{9,2} = 72$	$A_{10,3} = 720$

Analisando a referida tabela, posso afirmar que:

a) $A_{3,3} = 3 . (A_{2,2}) = 6$
b) $A_{4,3} = 3 . (A_{3,2} + A_{2,2}) = 24$
c) $A_{5,3} = 3 . (A_{4,2} + A_{3,2} + A_{2,2}) = 60$
d) $A_{6,3} = 3 . (A_{5,2} + A_{4,2} + A_{3,2} + A_{2,2}) = 120$
e) $A_{7,3} = 3 . (A_{6,2} + A_{5,2} + A_{4,2} + A_{3,2} + A_{2,2}) = 210$
f) $A_{8,3} = 3 . (A_{7,2} + A_{6,2} + A_{5,2} + A_{4,2} + A_{3,2} + A_{2,2}) = 336$
g) $A_{9,3} = 3 . (A_{8,2} + A_{7,2} + A_{6,2} + A_{5,2} + A_{4,2} + A_{3,2} + A_{2,2}) = 504$
h) $A_{10,3} = 3 . (A_{9,2} + A_{8,2} + A_{7,2} + A_{6,2} + A_{5,2} + A_{4,2} + A_{3,2} + A_{2,2}) = 720$

Generalizando o referido resultado, posso escrever que:

$$A_{n,3} = 3 . (A_{n-1,2} + A_{n-2,2} + A_{n-3,2} + A_{n-4,2} + ... + A_{2,2})$$

Também, posso escrever que:

a₁) $A_{3,3} = 3 \cdot (2 \cdot A_{1,1}) = 6$

b₁) $A_{4,3} = 3 \cdot [2 \cdot (A_{2,1} + A_{1,1}) + 2 \cdot (A_{1,1})] = 24$

c₁) $A_{5,3} = 3 \cdot [2 \cdot (A_{3,1} + A_{2,1} + A_{1,1}) + 2 \cdot (A_{2,1} + A_{1,1}) + 2 \cdot (A_{1,1})] = 60$

d₁) $A_{6,3} = 3 \cdot [2 \cdot (A_{4,1} + A_{3,1} + A_{2,1} + A_{1,1}) + 2 \cdot (A_{3,1} + A_{2,1} + A_{1,1}) + 2 \cdot (A_{2,1} + A_{1,1}) + 2 \cdot (A_{1,1})] = 120$

e₁) $A_{7,3} = 3 \cdot [2 \cdot (A_{5,1} + A_{4,1} + A_{3,1} + A_{2,1} + A_{1,1}) + 2 \cdot (A_{4,1} + A_{3,1} + A_{2,1} + A_{1,1}) + 2 \cdot (A_{3,1} + A_{2,1} + A_{1,1}) + 2 \cdot (A_{2,1} + A_{1,1}) + 2 \cdot (A_{1,1})] = 210$

f₁) $A_{8,3} = 3 \cdot [2 \cdot (A_{6,1} + A_{5,1} + A_{4,1} + A_{3,1} + A_{2,1} + A_{1,1}) + 2 \cdot (A_{5,1} + A_{4,1} + A_{3,1} + A_{2,1} + A_{1,1}) + 2 \cdot (A_{4,1} + A_{3,1} + A_{2,1} + A_{1,1}) + 2 \cdot (A_{3,1} + A_{2,1} + A_{1,1}) + 2 \cdot (A_{2,1} + A_{1,1}) + 2 \cdot (A_{1,1})] = 336$

g₁) $A_{9,3} = 3 \cdot [2 \cdot (A_{7,1} + A_{6,1} + A_{5,1} + A_{4,1} + A_{3,1} + A_{2,1} + A_{1,1}) + 2 \cdot (A_{6,1} + A_{5,1} + A_{4,1} + A_{3,1} + A_{2,1} + A_{1,1}) + 2 \cdot (A_{5,1} + A_{4,1} + A_{3,1} + A_{2,1} + A_{1,1}) + 2 \cdot (A_{4,1} + A_{3,1} + A_{2,1} + A_{1,1}) + 2 \cdot (A_{3,1} + A_{2,1} + A_{1,1}) + 2 \cdot (A_{2,1} + A_{1,1}) + 2 \cdot (A_{1,1})] = 504$

h₁) $A_{10,3} = 3 \cdot [2 \cdot (A_{8,1} + A_{7,1} + A_{6,1} + A_{5,1} + A_{4,1} + A_{3,1} + A_{2,1} + A_{1,1}) + 2 \cdot (A_{7,1} + A_{6,1} + A_{5,1} + A_{4,1} + A_{3,1} + A_{2,1} + A_{1,1}) + 2 \cdot (A_{6,1} + A_{5,1} + A_{4,1} + A_{3,1} + A_{2,1} + A_{1,1}) + 2 \cdot (A_{5,1} + A_{4,1} + A_{3,1} + A_{2,1} + A_{1,1}) + 2 \cdot (A_{4,1} +$

$A_{3,1} + A_{2,1} + A_{1,1}) + 2 . (A_{3,1} + A_{2,1} + A_{1,1}) + 2 . (A_{2,1} + A_{1,1}) + 2 . (A_{1,1})] = 720$

Analisando os referidos resultados, posso concluir que:

$$A_{n,3} = 3 \times 2 . \{(n-2)? + (n-3)? + (n-4)? + ... + [n - (n-1)]?\}$$

Na realidade o valor (3 x 2 x 1) corresponde a 3!. Logo posso escrever que:

$$\mathbf{A_{n,3} = 3! \{(n-2)? + (n-3)? + (n-4)? + ... + [n - (n-1)]?\}}$$

Para generalizar a referida expressão considere a seguinte propriedade da seguimental, a saber:

$$\mathbf{x? = (x-0) + (x-1) + (x-2) + ... + (x-x)}$$

Então, vem que:

$$\mathbf{[x?]? = (x-0)? + (x-1)? + (x-2)? + ... + (x-x)?}$$

Desse modo, posso afirmar que:

$$\mathbf{A_{n,3} = 3![(n-2)?]?}$$

Com relação à referida expressão, posso escrever que:

$$A_{n,3} = (3-1)? \cdot 2 \cdot [(n-2)?]?$$

Analisando os resultados obtidos em $(a_1, b_1, c_1, d_1, e_1, f_1, g_1, h_1)$; posso escrever que:

a₂) $A_{3,3} = 3! \, (1 \cdot A_{1,1}) = 6$

b₂) $A_{4,3} = 3! \, (1 \cdot A_{2,1} + 2 \cdot A_{1,1}) = 24$

c₂) $A_{5,3} = 3! \, (1 \cdot A_{3,1} + 2 \cdot A_{2,1} + 3 \cdot A_{1,1}) = 60$

d₂) $A_{6,3} = 3! \, (1 \cdot A_{4,1} + 2 \cdot A_{3,1} + 3 \cdot A_{2,1} + 4 \cdot A_{1,1}) = 120$

e₂) $A_{7,3} = 3! \, (1 \cdot A_{5,1} + 2 \cdot A_{4,1} + 3 \cdot A_{3,1} + 4 \cdot A_{2,1} + 5 \cdot A_{1,1}) = 210$

f₂) $A_{8,3} = 3! \, (1 \cdot A_{6,1} + 2 \cdot A_{5,1} + 3 \cdot A_{4,1} + 4 \cdot A_{3,1} + 5 \cdot A_{2,1} + 6 \cdot A_{1,1}) = 336$

g₂) $A_{9,3} = 3! \, (1 \cdot A_{7,1} + 2 \cdot A_{6,1} + 3 \cdot A_{5,1} + 4 \cdot A_{4,1} + 5 \cdot A_{3,1} + 6 \cdot A_{2,1} + 7 \cdot A_{1,1}) = 504$

h₂) $A_{10,3} = 3! \, (1 \cdot A_{8,1} + 2 \cdot A_{7,1} + 3 \cdot A_{6,1} + 4 \cdot A_{5,1} + 5 \cdot A_{4,1} + 6 \cdot A_{3,1} + 7 \cdot A_{2,1} + 8 \cdot A_{1,1}) = 720$

Generalizando os referidos resultados, posso escrever que:

$$A_{n,3} = 3! \cdot \{1 \cdot A_{n-2,1} + 2 \cdot A_{n-3,1} + 3 \cdot A_{n-4,1} + \ldots + (x-r) \cdot A_{n-r,1} + (n-2) \cdot [n-(n-1)]\}$$

Portanto, vem que:

$$A_{n,3} = 3! \cdot \{[n-(n-1)] \cdot A_{n-2,1} + \ldots + (x-r) \cdot A_{n-r,1} + \ldots + (n-2) \cdot [n-(n-1)]\}$$

Então, seja:

$$A_{10,3} = 3!.(1 \times 8 + 2 \times 7 + 3 \times 6 + 4 \times 5 + 5 \times 4 + 6 \times 3 + 7 \times 2 + 8 \times 1)$$

Para generalizar os referidos resultados, e por uma questão de *preservar* a ordem que os elementos numéricos aparecem na seguimental, considere a seguinte demonstração:

1ª) $x? = (x - 0) + (x - 1) + (x - 2) + ... + (x - x)$
2ª) $?x = (x - x) + ... + (x - 2) + (x - 1) + (x - 0)$

Então, defino a realidade do seguinte produto:

$$?x .. x? = (x - x) . (x - 0) + ... + (x - 0) . (x - x)$$

Logo, posso escrever que:

$$A_{n,3} = 3![(n - 2)? .. ? (n - 2)]$$

Para efeito de exemplo, considere o seguinte:

$A_{6,3} = 3! [(6 - 2)? .. ? (6 - 2)] \therefore$
$A_{6,3} = 3! [4? .. ?4] \therefore$
$A_{6,3} = 3 \times 2 \times 1 \times [(4 + 3 + 2 + 1) .. (1 + 2 + 3 + 4)] \therefore$
$A_{6,3} = 6 \times [4 \times 1 + 3 \times 2 + 2 \times 3 + 1 \times 4] \therefore$
$A_{6,3} = 6 \times [4 + 6 + 6 + 4] \therefore$
$A_{6,3} = 6 \times 20 \therefore$

$A_{6,3} = 120$

Observe que no referido produto a multiplicação obedece rigorosamente a ordem de colocação dos elementos numéricos.

Agora vou estudar a dedução da segunda equação arranjatoria, sob o ponto de vista do método defendido na presente tese da progressão aritmética.

Seja, então, considerada a seguinte sucessão:

$(A_{3,3} = 6; A_{4,3} = 24; A_{5,3} = 60; A_{6,3} = 120; A_{7,3} = 210;$
$A_{8,3} = 336; A_{9,3} = 504; A_{10,3} = 720)$

Observe, agora, a diferença entre cada elemento, a partir do segundo e o seu anterior:

$B_1 = A_{4,3} - A_{3,3} = 18$
$B_2 = A_{5,3} - A_{4,3} = 36$
$B_3 = A_{6,3} - A_{5,3} = 60$
$B_4 = A_{7,3} - A_{6,3} = 90$
$B_5 = A_{8,3} - A_{7,3} = 126$
$B_6 = A_{9,3} - A_{8,3} = 168$
$B_7 = A_{10,3} - A_{9,3} = 216$

Agora, considere a nova sucessão:

$(B_1 = 18; B_2 = 36; B_3 = 60; B_4 = 90; B_5 = 126; B_6 =$
$168; B_7 = 216)$

Observe, novamente, a diferença entre cada elemento, a partir do segundo e o seu anterior.

$C_1 = B_2 - B_1 = 36 - 18 = 18$
$C_2 = B_3 - B_2 = 60 - 36 = 24$
$C_3 = B_4 - B_3 = 90 - 60 = 30$
$C_4 = B_5 - B_4 = 126 - 90 = 36$
$C_5 = B_6 - B_5 = 168 - 126 = 42$
$C_6 = B_7 - B_6 = 216 - 168 = 48$

Novamente, considere a seguinte sucessão:

$$(C_1 = 18; C_2 = 24; C_3 = 30; C_4 = 36; C_5 = 42; C_6 = 48)$$

Observe que a diferença entre cada elemento a partir do segundo e o seu anterior é sempre o valor numérico seis (06).

$$C_2 - C_1 = C_3 - C_2 = C_4 - C_3 = C_5 - C_4 = C_6 - C_5 = 6$$

Uma sucessão assim é denominada por progressão aritmética. Dessa forma, se a sucessão (C_1, C_2, C_3, C_4, C_5, C_6, C_7) é uma progressão aritmética, têm-se que:

$$C_2 - C_1 = C_3 - C_2 = C_4 - C_3 = C_5 - C_4 = C_6 - C_5 = r$$

Sendo que a seqüência (C_1, C_2, C_3, ... , C_n) é uma progressão aritmética de razão r. Observa-se que:

$$C_2 = C_1 + r$$
$$C_3 = C_2 + r$$

Substituindo convenientemente as duas últimas expressões, vem que:

$$C_3 = C_1 + 2 \cdot r$$

Considere agora o seguinte:

$$C_4 = C_3 + r$$

Substituindo convenientemente as duas últimas expressões, vem que:

$$C_4 = C_1 + 3 \cdot r$$

Então, generalizando para um termo de ordem (**n**), ou seja, (**C_n**), posso escrever que:

$$C_n = C_1 + (n - 1) \cdot r$$

Porém, sabe-se que:

$$C_1 = 18$$
$$r = 6$$

Assim, substituindo convenientemente os referidos resultados na última expressão, vêm que:

$$C_n = 18 + (n - 1) \cdot 6$$

Resolvendo a referida expressão, posso escrever que:

$$C_n = 18 + 6 \cdot n - 6$$

Portanto, resulta que:

$$C_n = 12 + 6 \cdot n$$

Assim, vem que:

$$C_n = 6 \cdot (2 + n)$$

Para deduzir uma nova expressão matemática, considere a seguinte tabela:

$$B_2 = B_1 + C_1$$
$$B_3 = B_2 + C_2$$
$$B_4 = B_3 + C_3$$
$$B_5 = B_4 + C_4$$
$$B_6 = B_5 + C_5$$
$$B_7 = B_6 + C_6$$

Logo, posso definir as seguintes equações:

$$B_2 = B_1 + C_1$$
$$B_3 = B_2 + C_2$$

Substituindo convenientemente as duas últimas expressões, vem que:

$$B_3 = B_1 + C_1 + C_2$$

Considere agora a seguinte:

$$B_4 = B_3 + C_3$$

Substituindo convenientemente as duas últimas expressões, vem que:

$$\mathbf{B_4 = B_1 + C_1 + C_2 + C_3}$$

E assim, sucessivamente. Então, generalizando as referidas expressões, vem que:

$$\mathbf{B_n = B_1 + C_1 + C_2 + C_3 + ... + B_{n-1}}$$

Porém, demonstrei que:

$$\mathbf{C_n = 6 \cdot (2 + n)}$$

Substituindo convenientemente as duas últimas expressões, posso escrever que:

$$B_n = B_1 + 6 \times 3 + 6 \times 4 + 6 \times 5 + ... + 6 \cdot (n + 1)$$

Evidentemente, posso escrever que:

$$B_n = B_1 + 6 \cdot [3 + 4 + 5 + ... + (n + 1)]$$

Sabe-se pela matemática que a soma de **n** termos de uma progressão aritmética finita é obtida pela multiplicação da média aritmética dos extremos pelo número de termos.

Simbolicamente o referido enunciado é expresso pela seguinte relação:

$$a_1 + a_2 + a_3 + ... + a_n = n \cdot (a_1 + a_n)/2$$

Assim, com relação à expressão que apresentei, posso escrever que:

$$3 + 4 + 5 + ... + (n + 1) = (n - 1) \cdot [3 + (n + 1)]/2$$

Substituindo, convenientemente, o referido resultado na expressão que venho apresentando, vem que:

$$B_n = B_1 + 6 \cdot (n - 1) \cdot [3 + (n + 1)]/2$$

Eliminando os termos em evidência, resulta que:

$$B_n = B_1 + 3 \cdot (n - 1) \cdot [3 + (n + 1)]$$

Logicamente posso escrever que:

$$B_n = B_1 + 3 \cdot [3 \cdot (n - 1) + (n - 1) \cdot (n + 1)$$

Portanto, vem que:

$$B_n = B_1 + 3 \cdot [3 \cdot (n - 1) + (n^2 - 1)]$$

Portanto, resulta que:

$$B_n = B_1 + 3 \cdot [3 \cdot n - 3 + n^2 - 1]$$

Assim, vem que:

$$B_n = B_1 + 9 \cdot n - 9 + 3 \cdot n^2 - 3$$

Logo, resulta que:

$$B_n = B_1 + 3 \cdot n^2 + 9 \cdot n - 12$$

Porém, sabe-se que:

$$B_1 = 18$$

Portanto, vem que:

$$B_n = 18 + 3 \cdot n^2 + 9 \cdot n - 12$$

Assim, resulta na seguinte equação:

$$B_n = 3 \cdot n^2 + 9 \cdot n + 6$$

ou

$$B_n = 3 \cdot (n^2 + 3 \cdot n + 2)$$

Para deduzir uma nova equação matemática, considere a seguinte tabela:

$$A_{4,3} = A_{3,3} + B_1$$
$$A_{5,3} = A_{4,3} + B_2$$
$$A_{6,3} = A_{5,3} + B_3$$
$$A_{7,3} = A_{6,3} + B_4$$
$$A_{8,3} = A_{7,3} + B_5$$
$$A_{9,3} = A_{8,3} + B_6$$
$$A_{10,3} = A_{9,3} + B_7$$

Logo, posso definir as seguintes equações:

$$A_{4,3} = A_{3,3} + B_1$$
$$A_{5,3} = A_{4,3} + B_2$$

Substituindo convenientemente as duas últimas expressões, tem-se que:

$$A_{5,3} = A_{3,3} + B_1 + B_2$$

Agora, considere a seguinte expressão:

$$A_{6,3} = A_{5,3} + B_3$$

Substituindo convenientemente as duas últimas expressões, vem que:

$$A_{6,3} = A_{3,3} + B_1 + B_2 + B_3$$

E desse modo segue-se de forma sucessiva. Diante disso, generalizando as referidas expressões, tem-se que:

$$\mathbf{A_{n,3} = A_{3,3} + B_1 + B_2 + B_3 + ... + B_{n-3}}$$

Porém, demonstrei que:

$$B_n = 3 \cdot n^2 + 9 \cdot n + 6$$

ou

$$B_n = 3 \cdot (n^2 + 3 \cdot n + 2)$$

Substituindo convenientemente as duas últimas expressões, vem que:

$$A_{n,3} = A_{3,3} + 3 \times 6 + 3 \times 12 + 3 \times 20 + 3 \times 30 + 3 \times 42 + ... + 3 \cdot (n^2 - 3n + 2)$$

Logicamente, posso escrever que:

$$\mathbf{A_{n,3} = A_{3,3} + 3 \cdot (6 + 12 + 20 + 30 + 42 + ... + n^2 - 3n + 2)}$$

Observe que os valores (6, 12, 20, 30, 42, ...) caracterizam os valores de $A_{n,2}$, ou seja:

$A_{n,2}$
$A_{3,2} = 6$
$A_{4,2} = 12$
$A_{5,2} = 20$
$A_{6,2} = 30$
$A_{7,2} = 42$
$A_{8,2} = 56$
$A_{9,2} = 72$

Então, substituindo os referidos resultados na expressão que anteriormente apresentei, vem que:

$$A_{n,3} = A_{3,3} + 3 \cdot (A_{3,2} + A_{4,2} + A_{5,2} + A_{6,2} + A_{7,2} + \ldots + n^2 - 3n + 2)$$

Também, posso escrever que:

$$A_{n,3} = A_{3,3} + 3 \cdot (A_{3,2} + A_{4,2} + A_{5,2} + \ldots + A_{n-1,2})$$

Uma outra equação arranjatoria oriunda das minhas observações de valores numéricos é a seguinte:

$$A_{n,3} = 2 \cdot (n-2) \cdot (n-1)$$

Então considere, para efeito de exemplo de aplicação da referida equação, a seguinte demonstração:

$$A_{6,3} = 2 \times (6-2) \times (6-1)?$$

$A_{6,3} = 2 \text{ x } \quad 4 \quad \text{ x } \quad 5?$
$A_{6,3} = 8 \qquad \text{ x } \quad (5 + 4 + 3 + 2 + 1)$
$A_{6,3} = 8 \qquad \text{ x } \qquad 15$
$A_{6,3} = 120$

Sendo que tal resultado está em perfeito acordo com as demonstrações apresentadas. Sabe-se que:

$$n? = n \cdot (n + 1)/2$$

Logicamente, posso escrever que:

$$(n - 1)? = \{(n - 1) \cdot [(n - 1) + 1]\}/2$$

$$(n - 1)? = (n - 1) \cdot n/2$$

Sabendo-se que:

$$A_{n, 3} = 2 \cdot (n - 2) \cdot (n - 1)?$$

Então, substituindo convenientemente as duas últimas expressões, vem que:

$$A_{n, 3} = 2 \cdot (n - 2) \cdot (n - 1) \cdot n/2$$

Eliminando os termos em evidência, posso escrever que:

$$A_{n, 3} = (n - 2) \cdot (n - 1) \cdot n$$

Resolvendo o referido produto, tem-se a seguinte equação:

$$A_{n,3} = (n^2 - 3 \cdot n + 2) \cdot n$$

Logicamente, posso escrever que:

$$\mathbf{A_{n,3} = n^3 - 3 \cdot n^2 + 2 \cdot n}$$

Também, deduzi uma outra equação arranjatoria, observando os exemplos numéricos. Tal equação é a seguinte:

$$\mathbf{A_{n,3} = (n-1)^3 - (n-1)}$$

Para efeito de exemplo, considere o seguinte:

$$A_{6,3} = (6-1)^3 - (6-1)$$
$$A_{6,3} = 5^3 - 5$$
$$A_{6,3} = 125 - 5$$
$$A_{6,3} = 120$$

Sendo que tal resultado encontra-se em perfeito acordo com a verdade da questão.

6- Terceira Equação Seguimental Arranjatoria ($A_{n,4}$)

Considere a seguinte tabela:

$A_{n,1}$	$A_{n,2}$	$A_{n,3}$	$A_{n,4}$
$A_{1,1} = 1$	$A_{2,2} = 2$	$A_{3,3} = 6$	$A_{4,4} = 24$
$A_{2,1} = 2$	$A_{3,2} = 6$	$A_{4,3} = 24$	$A_{5,4} = 120$
$A_{3,1} = 3$	$A_{4,2} = 12$	$A_{5,3} = 60$	$A_{6,4} = 360$
$A_{4,1} = 4$	$A_{5,2} = 20$	$A_{6,3} = 120$	$A_{7,4} = 840$
$A_{5,1} = 5$	$A_{6,2} = 30$	$A_{7,3} = 210$	$A_{8,4} = 1.680$
$A_{6,1} = 6$	$A_{7,2} = 42$	$A_{8,3} = 336$	$A_{9,4} = 3.024$
$A_{7,1} = 7$	$A_{8,2} = 56$	$A_{9,3} = 504$	$A_{10,4} = 5.040$
$A_{8,1} = 8$	$A_{9,2} = 72$	$A_{10,3} = 720$	$A_{11,4} = 7.920$

Analisando as referidas tabelas, posso afirmar que:

a) $A_{4,4} = 4 \cdot (A_{3,3}) = 24$

b) $A_{5,4} = 4 \cdot (A_{4,3} + A_{3,3}) = 120$

c) $A_{6,4} = 4 \cdot (A_{5,3} + A_{4,3} + A_{3,3}) = 360$

d) $A_{7,4} = 4 \cdot (A_{6,3} + A_{5,3} + A_{4,3} + A_{3,3}) = 840$

e) $A_{8,4} = 4 \cdot (A_{7,3} + A_{6,3} + A_{5,3} + A_{4,3} + A_{3,3}) = 1680$

f) $A_{9,4} = 4 \cdot (A_{8,3} + A_{7,3} + A_{6,3} + A_{5,3} + A_{4,3} + A_{3,3}) = 3024$

g) $A_{10,4} = 4 \cdot (A_{9,3} + A_{8,3} + A_{7,3} + A_{6,3} + A_{5,3} + A_{4,3} + A_{3,3}) = 5040$

h) $A_{11,4} = 4 \cdot (A_{10,3} + A_{9,3} + A_{8,3} + A_{7,3} + A_{6,3} + A_{5,3} + A_{4,3} + A_{3,3}) = 7920$

Assim, posso escrever que:

$$A_{n,4} = 4 \cdot (A_{n-1,3} + A_{n-2,3} + A_{n-3,3} + \dots + A_{3,3})$$

Também, posso escrever que:

a_1) $A_{4,4} = 4 \times 3 . A_{2,2} = 24$

b_1) $A_{5,4} = 4 . [3 . (A_{3,2} + A_{2,2}) + 3 . (A_{2,2})] = 120$

c_1) $A_{6,4} = 4 . [3 . (A_{4,2} + A_{3,2} + A_{2,2}) + 3 . (A_{3,2} + A_{2,2}) + 3 . (A_{2,2})] = 360$

d_1) $A_{7,4} = 4 . [3 . (A_{5,2} + A_{4,2} + A_{3,2} + A_{2,2}) + 3 . (A_{4,2} + A_{3,2} + A_{2,2}) + 3 . (A_{3,2} + A_{2,2}) + 3 . (A_{2,2})] = 840$

e_1) $A_{8,4} = 4 . [3 . (A_{6,2} + A_{5,2} + A_{4,2} + A_{3,2} + A_{2,2}) + 3 . (A_{5,2} + A_{4,2} + A_{3,2} + A_{2,2}) + 3 . (A_{4,2} + A_{3,2} + A_{2,2}) + 3 . (A_{3,2} + A_{2,2}) + 3 . (A_{2,2})] = 1680$

f_1) $A_{9,4} = 4 . [3 . (A_{7,2} + A_{6,2} + A_{5,2} + A_{4,2} + A_{3,2} + A_{2,2}) + 3 . (A_{6,2} + A_{5,2} + A_{4,2} + A_{3,2} + A_{2,2}) + 3 . (A_{5,2} + A_{4,2} + A_{3,2} + A_{2,2}) + 3 . (A_{4,2} + A_{3,2} + A_{2,2}) + 3 . (A_{3,2} + A_{2,2}) + 3 . (A_{2,2})] = 3024$

g_1) $A_{10,4} = 4 . [3 . (A_{8,2} + A_{7,2} + A_{6,2} + A_{5,2} + A_{4,2} + A_{3,2} + A_{2,2}) + 3 . (A_{7,2} + A_{6,2} + A_{5,2} + A_{4,2} + A_{3,2} + A_{2,2}) + 3 . (A_{6,2} + A_{5,2} + A_{4,2} + A_{3,2} + A_{2,2}) + 3 . (A_{5,2} + A_{4,2} + A_{3,2} + A_{2,2}) + 3 . (A_{4,2} + A_{3,2} + A_{2,2}) + 3 . (A_{3,2} + A_{2,2}) + 3 . (A_{2,2})] = 5040$

h_1) $A_{11,4} = 4 . [3 . (A_{9,2} + A_{8,2} + A_{7,2} + A_{6,2} + A_{5,2} + A_{4,2} + A_{3,2} + A_{2,2}) + 3 . (A_{8,2} + A_{7,2} + A_{6,2} + A_{5,2} + A_{4,2} + A_{3,2} + A_{2,2}) + 3 . (A_{7,2} + A_{6,2} + A_{5,2} + A_{4,2} + A_{3,2} + A_{2,2}) + 3 . (A_{6,2} + A_{5,2} + A_{4,2} + A_{3,2} + A_{2,2}) + 3 . (A_{5,2} + $

$A_{4,2} + A_{3,2} + A_{2,2}) + 3 . (A_{4,2} + A_{3,2} + A_{2,2}) + 3 . (A_{3,2} + A_{2,2}) + 3 . (A_{2,2})] = 7920$

Com relação a tais resultados, posso concluir que:

a$_2$) $A_{4,4} = 4 \times 3 . (1A_{2,2}) = 24$

b$_2$) $A_{5,4} = 4 \times 3 . (1A_{3,2} + 2A_{2,2}) = 120$

c$_2$) $A_{6,4} = 4 \times 3 . (1A_{4,2} + 2A_{3,2} + 3A_{2,2}) = 360$

d$_2$) $A_{7,4} = 4 \times 3 . (1A_{5,2} + 2A_{4,2} + 3A_{3,2} + 4A_{2,2}) = 840$

e$_2$) $A_{8,4} = 4 \times 3 . (1A_{6,2} + 2A_{5,2} + 3A_{4,2} + 4A_{3,2} + 5A_{2,2}) = 1.680$

f$_2$) $A_{9,4} = 4 \times 3 . (1A_{7,2} + 2A_{6,2} + 3A_{5,2} + 4A_{4,2} + 5A_{3,2} + 6A_{2,2}) = 3.024$

g$_2$) $A_{10,4} = 4 \times 3 . (1A_{8,2} + 2A_{7,2} + 3A_{6,2} + 4A_{5,2} + 5A_{4,2} + 6A_{3,2} + 7A_{2,2}) = 5.040$

h$_2$) $A_{11,4} = 4 \times 3 . (1A_{9,2} + 2A_{8,2} + 3A_{7,2} + 4A_{6,2} + 5A_{5,2} + 6A_{4,2} + 7A_{3,2} + 8A_{2,2}) = 7920$

Analisando os referidos resultados, posso escrever que:

$A_{n,4} = 4 \times 3 . [1 . A_{n-2,2} + 2 . A_{n-3,2} + 3 . A_{n-4,2} + 4 . A_{n-5,2} + ... + (n-3) . A_{2,2}]$

Evidentemente, posso escrever que:

$A_{n,4} = 4!/(4-2)! . [1 . A_{n-2,2} + 2 . A_{n-3,2} + 3 . A_{n-4,2} + ... + (x-r) . A_{n-r,2} + (n-3) . A_{2,2}]$

Sabendo-se que:

$A_{2,2} = 2 . (A_{1,1}) = 2$
$A_{3,2} = 2 . (A_{2,1} + A_{1,1}) = 6$
$A_{4,2} = 2 . (A_{3,1} + A_{2,1} + A_{1,1}) = 12$
$A_{5,2} = 2 . (A_{4,1} + A_{3,1} + A_{2,1} + A_{1,1}) = 20$
$A_{6,2} = 2 . (A_{5,1} + A_{4,1} + A_{3,1} + A_{2,1} + A_{1,1}) = 30$
$A_{7,2} = 2 . (A_{6,1} + A_{5,1} + A_{4,1} + A_{3,1} + A_{2,1} + A_{1,1}) = 42$
$A_{8,2} = 2 . (A_{7,1} + A_{6,1} + A_{5,1} + A_{4,1} + A_{3,1} + A_{2,1} + A_{1,1}) = 56$
$A_{9,2} = 2 . (A_{8,1} + A_{7,1} + A_{6,1} + A_{5,1} + A_{4,1} + A_{3,1} + A_{2,1} + A_{1,1}) = 72$

Substituindo convenientemente os referidos resultados em (a_2, b_2, c_2, d_2, e_2, f_2, g_2 e h_2), vem que:

a_3) $A_{4,4} = 4 \times 3 \times 2 . [(A_{1,1})] = 24$

b_3) $A_{5,4} = 4 \times 3 \times 2 . [(A_{2,1} + A_{1,1}) + (2 . A_{1,1})] = 120$

c_3) $A_{6,4} = 4 \times 3 \times 2 . [(A_{3,1} + A_{2,1} + A_{1,1}) + 2 . (A_{2,1} + A_{1,1}) + 3 . (A_{1,1})] = 360$

d₃) $A_{7,4} = 4 \times 3 \times 2 . [(A_{4,1} + A_{3,1} + A_{2,1} + A_{1,1}) + 2 . (A_{3,1} + A_{2,1} + A_{1,1}) + 3 . (A_{2,1} + A_{1,1}) + 4 . (A_{1,1})] = 840$

e₃) $A_{8,4} = 4 \times 3 \times 2 . [(A_{5,1} + A_{4,1} + A_{3,1} + A_{2,1} + A_{1,1}) + 2 . (A_{4,1} + A_{3,1} + A_{2,1} + A_{1,1}) + 3 . (A_{3,1} + A_{2,1} + A_{1,1}) + 4 . (A_{2,1} + A_{1,1}) + 5 . (A_{1,1})] = 1680$

f₃) $A_{9,4} = 4 \times 3 \times 2 . [(A_{6,1} + A_{5,1} + A_{4,1} + A_{3,1} + A_{2,1} + A_{1,1}) + 2 . (A_{5,1} + A_{4,1} + A_{3,1} + A_{2,1} + A_{1,1}) + 3 . (A_{4,1} + A_{3,1} + A_{2,1} + A_{1,1}) + 4 . (A_{3,1} + A_{2,1} + A_{1,1}) + 5 . (A_{2,1} + A_{1,1}) + 6 . (A_{1,1})] = 3024$

g₃) $A_{10,4} = 4 \times 3 \times 2 . [(A_{7,1} + A_{6,1} + A_{5,1} + A_{4,1} + A_{3,1} + A_{2,1} + A_{1,1}) + 2 . (A_{6,1} + A_{5,1} + A_{4,1} + A_{3,1} + A_{2,1} + A_{1,1}) + 3 . (A_{5,1} + A_{4,1} + A_{3,1} + A_{2,1} + A_{1,1}) + 4 . (A_{4,1} + A_{3,1} + A_{2,1} + A_{1,1}) + 5 . (A_{3,1} + A_{2,1} + A_{1,1}) + 6 . (A_{2,1} + A_{1,1}) + 7 . (A_{1,1})] = 5040$

h₃) $A_{11,4} = 4 \times 3 \times 2 . [(A_{8,1} + A_{7,1} + A_{6,1} + A_{5,1} + A_{4,1} + A_{3,1} + A_{2,1} + A_{1,1}) + 2 . (A_{7,1} + A_{6,1} + A_{5,1} + A_{4,1} + A_{3,1} + A_{2,1} + A_{1,1}) + 3 . (A_{6,1} + A_{5,1} + A_{4,1} + A_{3,1} + A_{2,1} + A_{1,1}) + 4 . (A_{5,1} + A_{4,1} + A_{3,1} + A_{2,1} + A_{1,1}) + 5 . (A_{4,1} + A_{3,1} + A_{2,1} + A_{1,1}) + 6 . (A_{3,1} + A_{2,1} + A_{1,1}) + 7 . (A_{2,1} + A_{1,1}) + 8 . (A_{1,1})] = 7920$

Analisando os referidos resultados, posso concluir que:

$A_{n,4} = 4 \times 3 \times 2 . \{1 . (n - 3)? + 2 . (n - 4)? + 3 . (n - 5)? + 4 . (n - 6)? + ... + (n - 3) . [n - (n - 1)]?\}$

Naturalmente o valor (4 . 3 . 2 . 1), corresponde a 4!; portanto, posso escrever que:

$A_{n,4} = 4!\{1 . (n - 3)? + 2 . (n - 4)? + 3 . (n - 5)? + ... + (n - 3) . [n - (n - 1)]?\}$

Sabendo-se que:

$A_{1,1} = 1$
$A_{2,1} = 2$
$A_{3,1} = 3$
$A_{4,1} = 4$

Então, posso escrever que:

$A_{n,4} = 4!\{A_{1,1} . (n - 3)? + A_{2,1} . (n - 4)? + A_{3,1} . (n - 5)? + ... + A_{(n-3),1} . [n - (n - 1)]?\}$

Analisando os resultados obtidos em (a_3, b_3, c_3, d_3, e_3, f_3, g_3 e h_3), posso concluir que:

a_4) $A_{4,4} = 4! . (A_{1,1})$

b_4) $A_{5,4} = 4! . (A_{2,1} + 3A_{1,1})$

c_4) $A_{6,4} = 4! . (A_{3,1} + 3A_{2,1} + 6A_{1,1})$

d$_4$) $A_{7,4} = 4! \cdot (A_{4,1} + 3A_{3,1} + 6A_{2,1} + 10A_{1,1})$

e$_4$) $A_{8,4} = 4! \cdot (A_{5,1} + 3A_{4,1} + 6A_{3,1} + 10A_{2,1} + 15A_{1,1})$

f$_4$) $A_{9,4} = 4! \cdot (A_{6,1} + 3A_{5,1} + 6A_{4,1} + 10A_{3,1} + 15A_{2,1} + 21A_{1,1})$

g$_4$) $A_{10,4} = 4! \cdot (A_{7,1} + 3A_{6,1} + 6A_{5,1} + 10A_{4,1} + 15A_{3,1} + 21A_{2,1} + 28A_{1,1})$

h$_4$) $A_{11,4} = 4! \cdot (A_{8,1} + 3A_{7,1} + 6A_{6,1} + 10A_{5,1} + 15A_{4,1} + 21A_{3,1} + 28A_{2,1} + 36A_{1,1})$

Verificando os referidos resultados, posso afirmar que:

$C_{2,0} = 1$
$C_{3,1} = 3$
$C_{4,2} = 6$
$C_{5,3} = 10$
$C_{6,4} = 15$
$C_{7,5} = 21$
$C_{8,6} = 28$
$C_{9,7} = 36$

Portanto, vem que:

$$A_{n,4} = 4! \cdot (C_{2,0} \cdot A_{n-3,1} + C_{3,1} \cdot A_{n-4,1} + C_{4,2} \cdot A_{n-5,1} + C_{5,3} \cdot A_{n-6,1} + ... + C_{r,r-2} \cdot A_{n-(r+1),1} + ... + C_{n-2,n-4} \cdot A_{1,1})$$

De uma forma mais simples, posso escrever que:

$$A_{n,4} = 4! \cdot [C_{2,0} \cdot (n - 3) + C_{3,1} \cdot (n - 4) + \ldots + C_{r,r-2} \cdot (n - r - 1) + C_{n-2,n-4}]$$

Agora vou estudar a dedução da terceira equação arranjatoria, sob o ponto de vista do método da progressão aritmética defendido neste trabalho.

Então considere a seguinte sucessão numérica: ($A_{4,4} = 24$; $A_{5,4} = 120$; $A_{6,4} = 360$; $A_{7,4} = 840$; $A_{8,4} = 1680$; $A_{9,4} = 3024$; $A_{10,4} = 5040$; $A_{11,4} = 7920$)

Observe, agora, a diferença entre cada elemento, a partir do segundo e o seu anterior:

$B_1 = A_{5,4} - A_{4,4} = 96$
$B_2 = A_{6,4} - A_{5,4} = 240$
$B_3 = A_{7,4} - A_{6,4} = 480$
$B_4 = A_{8,4} - A_{7,4} = 840$
$B_5 = A_{9,4} - A_{8,4} = 1344$
$B_6 = A_{10,4} - A_{9,4} = 2016$
$B_7 = A_{11,4} - A_{10,4} = 2880$

Agora, considere a nova sucessão:

($B_1 = 96$; $B_2 = 240$; $B_3 = 480$; $B_4 = 840$; $B_5 = 1344$; $B_6 = 2016$; $B_7 = 2880$)

Observe a diferença entre cada elemento, a partir do segundo e o seu anterior:

$$C_1 = B_2 - B_1 = 144$$
$$C_2 = B_3 - B_2 = 240$$
$$C_3 = B_4 - B_3 = 360$$
$$C_4 = B_5 - B_4 = 504$$
$$C_5 = B_6 - B_5 = 672$$
$$C_6 = B_7 - B_6 = 864$$

Novamente, considere a seguinte sucessão:

$$(C_1 = 144; C_2 = 240; C_3 = 360; C_4 = 504; C_5 = 672; C_6 = 864)$$

Novamente, observe a diferença entre cada elemento a partir do segundo e o seu anterior:

$$D_1 = C_2 - C_1 = 96$$
$$D_2 = C_3 - C_2 = 120$$
$$D_3 = C_4 - C_3 = 144$$
$$D_4 = C_5 - C_4 = 168$$
$$D_5 = C_6 - C_5 = 192$$

Considere a seguinte sucessão:

$$(D_1 = 96; D_2 = 120; D_3 = 144; D_4 = 168; D_5 = 192)$$

Note que a diferença entre cada elemento a partir do segundo e o seu anterior é sempre vinte e quatro (24).

$$D_2 - D_1 = D_3 - D_2 = D_4 - D_3 = D_5 - D_4 = 24$$

Uma sucessão assim é denominada por progressão aritmética. Desse modo, se a sucessão (D_1, D_2, D_3, D_4 e D_5) é uma progressão aritmética, têm-se que:

$$D_2 - D_1 = D_3 - D_2 = D_4 - D_3 = D_5 - D_4 = r$$

Sendo que a seqüência (D_1, D_2, D_3, ... , D_n) é uma progressão aritmética de razão r. Então, observa-se que:

$$D_2 = D_1 + r$$
$$D_3 = D_2 + r$$

Substituindo convenientemente as duas últimas expressões, vem que:

$$D_3 = D_1 + 2 . r$$

Considere agora o seguinte:

$$D_4 = D_3 + r$$

Substituindo convenientemente as duas últimas expressões, vem que:

$$D_4 = D_1 + 3 . r$$

Desse modo, generalizando para um termo de ordem (n), ou seja, (D_n), posso escrever que:

$$D_n = D_1 + (n - 1) \cdot r$$

Porém, sabe-se que:

$$D_1 = 96$$
$$r = 24$$

Assim, substituindo convenientemente os referidos resultados na última expressão, vêm que:

$$D_n = 96 + (n - 1) \cdot 24$$

Resolvendo a referida expressão, posso escrever que:

$$D_n = 96 + 24 \cdot n - 24$$

Portanto, resulta que:

$$D_n = 72 + 24 \cdot n$$

Assim, vem que:

$$D_n = 24 \cdot (3 + n)$$

Para deduzir uma nova expressão matemática, considere a seguinte tabela:

$$C_2 = C_1 + D_1$$
$$C_3 = C_2 + D_2$$
$$C_4 = C_3 + D_3$$
$$C_5 = C_4 + D_4$$
$$C_6 = C_5 + D_5$$

Logo, posso definir as seguintes equações:

$$C_2 = C_1 + D_1$$
$$C_3 = C_2 + D_2$$

Substituindo convenientemente as duas últimas expressões, vem que:

$$C_3 = C_1 + D_1 + D_2$$

Considere agora a seguinte:

$$C_4 = C_3 + D_3$$

Substituindo convenientemente as duas últimas expressões, vem que:

$$C_4 = C_1 + D_1 + D_2 + D_3$$

E assim de forma sucessiva. Então, generalizando as referidas expressões, têm-se que:

$$C_n = C_1 + D_1 + D_2 + D_3 + ... + D_{n-1}$$

Porém, demonstrei que:

$$D_n = 24 \cdot (3 + n)$$

Substituindo convenientemente as duas últimas expressões, vem que:

$$C_n = C_1 + 24 \times 4 + 24 \times 5 + 24 \times 6 + ... + 24 \cdot (n + 2)$$

Logo, resulta que:

$$C_n = C_1 + 24 \cdot [4 + 5 + 6 + ... + (n + 2)]$$

Sabe-se pela matemática que a soma de **n** termos de uma progressão aritmética finita é obtida pela multiplicação da média aritmética dos extremos pelo número de termos.

Simbolicamente, o referido enunciado é expresso pela seguinte relação:

$$a_1 + a_2 + a_3 + ... + a_n = n \cdot (a_1 + a_n)/2$$

Assim, com relação à expressão que apresentei anteriormente, pode-se escrever que:

$$4 + 5 + 6 + ... + (n + 2) = (n - 1) \cdot [4 + (n + 2)]/2$$

Substituindo, convenientemente, o referido resultado na expressão, vem que:

$$C_n = C_1 + 24 \cdot (n - 1) \cdot [4 + (n + 2)]/2$$

Eliminando os termos em evidência, resulta que:

$$C_n = C_1 + 12 \cdot (n - 1) \cdot [4 + (n + 2)]$$

Logicamente, posso escrever que:

$$C_n = C_1 + 12 \cdot [4 \cdot (n - 1) + (n - 1) \cdot (n + 2)$$

Portanto, vem que:

$$C_n = C_1 + 12 \cdot [4 \cdot (n - 1) + (n^2 + n - 2)]$$

Também, posso escrever que:

$$C_n = C_1 + 12 \cdot [4 \cdot n - 4 + n^2 - 2]$$

Assim, vem que:

$$C_n = C_1 + 48 \cdot n - 48 + 12 \cdot n^2 + 12 \cdot n - 24$$

Logo, resulta que:

$$C_n = C_1 + 12 \cdot n^2 + 60 \cdot n - 72$$

Porém, sabe-se que:

$$C_1 = 144$$

Portanto, vem que:

$$C_n = 144 - 72 + 12 \cdot n^2 + 60 \cdot n$$

Assim, resulta na seguinte equação:

$$C_n = 12 \cdot n^2 + 60 \cdot n + 72$$

Evidentemente, posso escrever que:

$$C_n = 12 \cdot (n^2 + 5 \cdot n + 6)$$

Para deduzir uma nova equação matemática, considere a seguinte tabela:

$B_1 = 96$
$B_2 = B_1 + C_1 = 240$
$B_3 = B_2 + C_2 = 480$
$B_4 = B_3 + C_3 = 840$
$B_5 = B_4 + C_4 = 1344$
$B_6 = B_5 + C_5 = 2016$
$B_7 = B_6 + C_6 = 2880$

Logo, posso definir as seguintes equações:

$$B_2 = B_1 + C_1$$
$$B_3 = B_2 + C_2$$

Substituindo convenientemente as duas últimas expressões, vem que:

$$B_3 = B_1 + C_1 + C_2$$

Considere agora o seguinte:

$$B_4 = B_3 + C_3$$

Substituindo convenientemente as duas últimas expressões, vem que:

$$B_4 = B_1 + C_1 + C_2 + C_3$$

E desse modo sucessivamente. Logo, generalizando as referidas expressões, têm-se que:

$$B_n = B_1 + C_1 + C_2 + C_3 + \dots + C_{n-1}$$

Porém, demonstrei que:

$$C_n = 12 \, . \, (n^2 + 5 \, . \, n + 6)$$

Substituindo convenientemente as duas últimas expressões, vem que:

$$B_n = B_1 + 12 \times 12 + 12 \times 20 + 12 \times 30 + 12 \times 42 + \dots + C_{n-1}$$

Porém:

$C_{n-1} = 12 \cdot [(n-1)^2 + 5 \cdot (n-1) + 6] \therefore$
$C_{n-1} = 12 \cdot [n^2 - 2 \cdot n + 1 + 5 \cdot n - 5 + 6] \therefore$
$C_{n-1} = 12 \cdot (n^2 + 3 \cdot n + 2)$

Assim, vem que:

$B_n = B_1 + 12 \cdot [12 + 20 + 30 + 42 + \ldots + (n^2 + 3n + 2)]$

Observe que os valores (12, 20, 30, 42, ...) caracterizam os valores de $A_{n,2}$; ou seja:

$A_{n,2}$
$A_{4,2} = 12$
$A_{5,2} = 20$
$A_{6,2} = 30$
$A_{7,2} = 42$
$A_{8,2} = 56$
$A_{9,2} = 72$

Então, substituindo os referidos resultados na expressão anteriormente apresentada, vem que:

$B_n = B_1 + 12 \cdot [A_{4,2} + A_{5,2} + A_{6,2} + A_{7,2} + \ldots + (n^2 + 3 \cdot n + 2)]$

Porém, sabe-se que:

$A_{4,2} = 2 \cdot (A_{3,1} + A_{2,1} + A_{1,1}) = 2 \cdot (4-1)? = 12$
$A_{5,2} = 2 \cdot (A_{4,1} + A_{3,1} + A_{2,1} + A_{1,1}) = 2 \cdot (5-1)? = 20$

$A_{6,2} = 2$. $(A_{5,1} + A_{4,1} + A_{3,1} + A_{2,1} + A_{1,1}) = 2$. $(6 - 1)? = 30$

$A_{7,2} = 2$. $(A_{6,1} + A_{5,1} + A_{4,1} + A_{3,1} + A_{2,1} + A_{1,1}) = 2$. $(7 - 1)? = 42$

$A_{8,2} = 2$. $(A_{7,1} + A_{6,1} + A_{5,1} + A_{4,1} + A_{3,1} + A_{2,1} + A_{1,1}) = 2$. $(8 - 1)? = 56$

$A_{9,2} = 2$. $(A_{8,1} + A_{7,1} + A_{6,1} + A_{5,1} + A_{4,1} + A_{3,1} + A_{2,1} + A_{1,1}) = 2$. $(9 - 1)? = 72$

Desse modo, posso escrever que:

$B_n = B_1 + 12$. $[2 . (4 - 1)? + 2 . (5 - 1)? + 2 . (6 - 1)? + 2 . (7 - 1)? + ... + (n^2 + 3 . n + 2)]$

Evidentemente, posso escrever que:

$\mathbf{B_n = B_1 + 24 . [(4 - 1)? + (5 - 1)? + (6 - 1)? + (7 - 1)? + ... + (n^2 + 3n + 2)]}$

Também, posso escrever que:

$\mathbf{B_n = B_1 + 12 . [A_{4,2} + A_{5,2} + ... + A_{(n + 2),2}]}$

Para deduzir uma nova equação matemática, considere a seguinte tabela:

$A_{5,4} = A_{4,4} + B_1$
$A_{6,4} = A_{5,4} + B_2$
$A_{7,4} = A_{6,4} + B_3$
$A_{8,4} = A_{7,4} + B_4$

$$A_{9,4} = A_{8,4} + B_5$$
$$A_{10,4} = A_{9,4} + B_6$$
$$A_{11,4} = A_{10,4} + B_7$$

Logo, posso definir as seguintes equações:

$$A_{5,4} = A_{4,4} + B_1$$
$$A_{6,4} = A_{5,4} + B_2$$

Substituindo convenientemente as duas últimas expressões, vem que:

$$A_{6,4} = A_{4,4} + B_1 + B_2$$

Considere agora o seguinte:

$$A_{7,4} = A_{6,4} + B_3$$

Substituindo convenientemente as duas últimas expressões, tem-se que:

$$A_{7,4} = A_{4,4} + B_1 + B_2 + B_3$$

E assim prossegue-se sucessivamente. Logo, generalizando as referidas conclusões, têm-se que:

$$A_{n,4} = A_{4,4} + B_1 + B_2 + B_3 + \ldots + B_{n-4}$$

Simplificando a referida expressão, posso escrever que:

$$A_{n,4} = A_{4,4} + {}_{B1}\Sigma_{Bn-4}$$

Do mesmo modo:

$$B_n = B_1 + 12 \cdot ({}_{A4,2}\Sigma_{A(n+2),2})$$

Com base em tais equações, posso escrever que:

$B_1 = B_1 = 96$
$B_2 = B_1 + 12 \cdot A_{4,2} = 240$
$B_3 = B_1 + 12 \cdot A_{4,2} + 12 \cdot A_{5,2} = 480$
$B_4 = B_1 + 12 \cdot A_{4,2} + 12 \cdot A_{5,2} + 12 \cdot A_{6,2} = 840$
$B_5 = B_1 + 12 \cdot A_{4,2} + 12 \cdot A_{5,2} + 12 \cdot A_{6,2} + 12 \cdot A_{7,2} = 1344$

E, também que:

$A_{4,4} = A_{4,4} = 24$
$A_{5,4} = A_{4,4} + B_1 = 120$
$A_{6,4} = A_{4,4} + B_1 + B_2 = 360$
$A_{7,4} = A_{4,4} + B_1 + B_2 + B_3 = 840$
$A_{8,4} = A_{4,4} + B_1 + B_2 + B_3 + B_4 = 1680$
$A_{9,4} = A_{4,4} + B_1 + B_2 + B_3 + B_4 + B_5 = 3024$

Substituindo convenientemente os referidos resultados, posso escrever que:

a_5) $A_{4,4} = A_{4,4}$

b₅) $A_{5,4} = A_{4,4} + B_1$

c₅) $A_{6,4} = A_{4,4} + B_1 + B_1 + 12 . A_{4,2}$ ∴
$A_{6,4} = A_{4,4} + 2 . (B_1) + 12 . (A_{4,2})$

d₅) $A_{7,4} = A_{4,4} + B_1 + B_1 + 12 . A_{4,2} + B_1 + 12 . A_{4,2} + 12 . A_{5,2}$ ∴
$A_{7,4} = A_{4,4} + 3 . (B_1) + 2 . (12 . A_{4,2}) + 12 . A_{5,2}$

e₅) $A_{8,4} = A_{4,4} + B_1 + B_1 + 12 . A_{4,2} + B_1 + 12 . A_{4,2} + 12 . A_{5,2} + B_1 + 12 . A_{4,2} + 12 . A_{5,2} + 12 . A_{6,2}$ ∴
$A_{8,4} = A_{4,4} + 4 . (B_1) + 3 . (12.A_{4,2}) + 2 . (12.A_{5,2}) + 12 . A_{6,2}$

f₅) $A_{9,4} = A_{4,4} + B_1 + B_1 + 12 . A_{4,2} + B_1 + 12 . A_{4,2} + 12 . A_{5,2} + B_1 + 12 . A_{4,2} + 12 . A_{5,2} + 12 . A_{6,2} + B_1 + 12 . A_{4,2} + 12 . A_{5,2} + 12 . A_{6,2} + 12 . A_{7,2}$ ∴
$A_{9,4} = A_{4,4} + 5 . (B_1) + 4 . (12 . A_{4,2}) + 3 . (12 . A_{5,2}) + 2 . (12 . A_{6,2}) + 1 . (12 . A_{7,2})$

Então, generalizando as referidas conclusões, posso escrever que:

$$A_{n,4} = A_{4,4} + (n-4) . B_1 + (n-5) . (12 . A_{4,2}) + (n-6) . (12 . A_{5,2}) + ... + [n-(n-1)] . (12 . A_{n-2,2})$$

Porém, como:

$$A_{4,2} = 12$$

Então, posso escrever que:

$$A_{n,4} = A_{4,4} + (n-4) \cdot B_1 + (n-5) \cdot (A_{4,2} \cdot A_{4,2}) + (n-6) \cdot (A_{4,2} \cdot A_{5,2}) + \ldots + [n-(n-1)] \cdot (A_{4,2} \cdot A_{n-2,2})$$

Uma outra equação, oriunda dos exemplos apresentados de valores numéricos é a seguinte:

$$A_{n,4} = 2 \cdot (n-2) \cdot (n-3) \cdot (n-1)?$$

Para efeito de exemplo da referida equação, considere a seguinte demonstração:

Seja $A_{8,4}$:

$$A_{8,4} = 2 \times (8-2) \times (8-3) \times (8-1)?$$
$$A_{8,4} = 2 \times 6 \times 5 \times (7)?$$
$$A_{8,4} = 60 \times (7)?$$
$$A_{8,4} = 60 \times (7 + 6 + 5 + 4 + 3 + 2 + 1 + 0)$$
$$A_{8,4} = 60 \times 28$$
$$A_{8,4} = 1680$$

Sendo que o referido resultado encontra-se em perfeito acordo com os dados apresentados.

Sabe-se que:

$$n? = n \cdot (n+1)/2$$

Logicamente posso escrever que:

$$(n-1)? = (n-1) \cdot [(n-1)+1]/2$$

Eliminando os termos em evidência, resulta que:

$$(n-1)? + (n-1) \cdot n/2$$

Logo posso escrever que:

$$A_{n,4} = 2 \cdot (n-2) \cdot (n-3) \cdot (n-1) \cdot n/2$$

Eliminando os termos em evidência, posso escrever que:

$$A_{n,4} = (n-2) \cdot (n-3) \cdot [(n-1) \cdot n]$$

Simplesmente observando os exemplos numéricos, pude deduzir uma outra equação arranjatoria. Tal equação é a seguinte:

$$A_{n,4} = (n-3) \cdot [(n-1)^3 - (n-1)]$$

Para efeito de exemplo demonstrativo considere o seguinte:

$$A_{5,4} = (5-3) \times [(5-1)^3 - (5-1)]$$
$$A_{5,4} = 2 \times (4^3 - 4)$$
$$A_{5,4} = 2 \times 60$$

$A_{5,4} = 120$

Sendo que tal resultado encontra-se em perfeito acordo com os dados conhecidos.

Com relação à minha expressão matemática, posso escrever que:

$$A_{n,4} = [(n - 2)^1 - (n - 2)^0] \cdot [(n - 1)^3 - (n - 1)]$$

Para efeito de exemplo demonstrativo, considere o seguinte:

$A_{6,4} = [(6 - 2)^1 - (6 - 2)^0 \times [(6 - 1)^3 - (6 - 1)]$
$A_{6,4} = [4^1 - 1] \times [5^3 - 5]$
$A_{6,4} = 3 \times 120$
$A_{6,4} = 360$

Também, pude observar a realidade da seguinte expressão:

$$A_{n,4} = A_{(n-3)} \cdot [(n - 1)^3 - (n - 1)]$$

Para efeito de exemplo demonstrativo, considere o seguinte:

$A_{7,4} = A_{(7-3),1} \times [(7 - 1)^3 - (7 - 1)]$
$A_{7,4} = A_{(4,1)} \times [6^3 - 6]$
$A_{7,4} = 4 \times (216 - 6)$
$A_{7,4} = 4 \times 210$
$A_{7,4} = 840$

Sendo que o referido resultado encontra-se em perfeito acordo com as demonstrações apresentadas na presente obra.

7- Quarta Equação Seguimental Arranjatoria ($A_{n,5}$)

Considere a seguinte tabela arranjatoria:

$A_{n,1}$	$A_{n,2}$	$A_{n,3}$	$A_{n,4}$	$A_{n,5}$
$A_{1,1} = 1$	$A_{2,2} = 2$	$A_{3,3} = 6$	$A_{4,4} = 24$	$A_{5,5} = 120$
$A_{2,1} = 2$	$A_{3,2} = 6$	$A_{4,3} = 24$	$A_{5,4} = 120$	$A_{6,5} = 720$
$A_{3,1} = 3$	$A_{4,2} = 12$	$A_{5,3} = 60$	$A_{6,4} = 360$	$A_{7,5} = 2520$
$A_{4,1} = 4$	$A_{5,2} = 20$	$A_{6,3} = 120$	$A_{7,4} = 840$	$A_{8,5} = 6720$
$A_{5,1} = 5$	$A_{6,2} = 30$	$A_{7,3} = 210$	$A_{8,4} = 1680$	$A_{9,5} = 15120$
$A_{6,1} = 6$	$A_{7,2} = 42$	$A_{8,3} = 336$	$A_{9,4} = 3024$	$A_{10,5} = 30240$
$A_{7,1} = 7$	$A_{8,2} = 56$	$A_{9,3} = 504$	$A_{10,4} = 5040$	$A_{11,5} = 55440$
$A_{8,1} = 8$	$A_{9,2} = 72$	$A_{10,3} = 720$	$A_{11,4} = 7920$	$A_{12,4} = 95040$

Observando as referidas tabelas, posso afirmar que:

a) $A_{5,5} = 5 . (A_{4,4}) = 120$

b) $A_{6,5} = 5 . (A_{5,4} + A_{4,4}) = 720$

c) $A_{7,5} = 5 . (A_{6,4} + A_{5,4} + A_{4,4}) = 2520$

d) $A_{8,5} = 5 . (A_{7,4} + A_{6,4} + A_{5,4} + A_{4,4}) = 6720$

e) $A_{9,5} = 5 . (A_{8,4} + A_{7,4} + A_{6,4} + A_{5,4} + A_{4,4}) = 15120$

f) $A_{10,5} = 5 . (A_{9,4} + A_{8,4} + A_{7,4} + A_{6,4} + A_{5,4} + A_{4,4}) = 30240$

g) $A_{11,5} = 5 \cdot (A_{10,4} + A_{9,4} + A_{8,4} + A_{7,4} + A_{6,4} + A_{5,4} + A_{4,4}) = 55440$

h) $A_{12,5} = 5 \cdot (A_{11,4} + A_{10,4} + A_{9,4} + A_{8,4} + A_{7,4} + A_{6,4} + A_{5,4} + A_{4,4}) = 95040$

Desse modo, posso escrever que:

$$A_{n,5} = 5 \cdot (A_{n-1,4} + A_{n-2,4} + A_{n-3,4} + \ldots + A_{4,4})$$

Também, posso escrever que:

a$_1$) $A_{5,5} = 5 \times 4 \cdot A_{3,3} = 120$

b$_1$) $A_{6,5} = 5 \cdot [4 \cdot (A_{4,3} + A_{3,3}) + 4 \cdot (A_{3,3})] = 720$

c$_1$) $A_{7,5} = 5 \cdot [4 \cdot (A_{5,3} + A_{4,3} + A_{3,3}) + 4 \cdot (A_{4,3} + A_{3,3}) + 4 \cdot (A_{3,3})] = 2520$

d$_1$) $A_{8,5} = 5 \cdot [4 \cdot (A_{6,3} + A_{5,3} + A_{4,3} + A_{3,3}) + 4 \cdot (A_{5,3} + A_{4,3} + A_{3,3}) + 4 \cdot (A_{4,3} + A_{3,3}) + 4 \cdot (A_{3,3})] = 6720$

e$_1$) $A_{9,5} = 5 \cdot [4 \cdot (A_{7,3} + A_{6,3} + A_{5,3} + A_{4,3} + A_{3,3}) + 4 \cdot (A_{6,3} + A_{5,3} + A_{4,3} + A_{3,3}) + 4 \cdot (A_{5,3} + A_{4,3} + A_{3,3}) + 4 \cdot (A_{4,3} + A_{3,3}) + 4 \cdot (A_{3,3})] = 15120$

f$_1$) $A_{10,5} = 5 \cdot [4 \cdot (A_{8,3} + A_{7,3} + A_{6,3} + A_{5,3} + A_{4,3} + A_{3,3}) + 4 \cdot (A_{7,3} + A_{6,3} + A_{5,3} + A_{4,3} + A_{3,3}) + 4 \cdot (A_{6,3} + A_{5,3} + A_{4,3} + A_{3,3}) + 4 \cdot (A_{5,3} + A_{4,3} + A_{3,3}) + 4 \cdot (A_{4,3} + A_{3,3}) + 4 \cdot (A_{3,3})] = 30240$

g_1) $A_{11,5} = 5 \cdot [4 \cdot (A_{9,3} + A_{8,3} + A_{7,3} + A_{6,3} + A_{5,3} + A_{4,3} + A_{3,3}) + 4 \cdot (A_{8,3} + A_{7,3} + A_{6,3} + A_{5,3} + A_{4,3} + A_{3,3}) + 4 \cdot (A_{7,3} + A_{6,3} + A_{5,3} + A_{4,3} + A_{3,3}) + 4 \cdot (A_{6,3} + A_{5,3} + A_{4,3} + A_{3,3}) + 4 \cdot (A_{5,3} + A_{4,3} + A_{3,3}) + 4 \cdot (A_{4,3} + A_{3,3}) + 4 \cdot (A_{3,3})] = 55440$

h_1) $A_{12,5} = 5 \cdot [4 \cdot (A_{10,3} + A_{9,3} + A_{8,3} + A_{7,3} + A_{6,3} + A_{5,3} + A_{4,3} + A_{3,3}) + 4 \cdot (A_{9,3} + A_{8,3} + A_{7,3} + A_{6,3} + A_{5,3} + A_{4,3} + A_{3,3}) + 4 \cdot (A_{8,3} + A_{7,3} + A_{6,3} + A_{5,3} + A_{4,3} + A_{3,3}) + 4 \cdot (A_{7,3} + A_{6,3} + A_{5,3} + A_{4,3} + A_{3,3}) + 4 \cdot (A_{6,3} + A_{5,3} + A_{4,3} + A_{3,3}) + 4 \cdot (A_{5,3} + A_{4,3} + A_{3,3}) + 4 \cdot (A_{4,3} + A_{3,3}) + 4 \cdot (A_{3,3})] = 95040$

Com relação a tais resultados, posso concluir que:

a_2) $A_{5,5} = 5 \times 4 \cdot (1 \cdot A_{3,3}) = 120$

b_2) $A_{6,5} = 5 \times 4 \cdot (1 \cdot A_{4,3} + 2 \cdot A_{3,3}) = 720$

c_2) $A_{7,5} = 5 \times 4 \cdot (1 \cdot A_{5,3} + 2 \cdot A_{4,3} + 3 \cdot A_{3,3}) = 2520$

d_2) $A_{8,5} = 5 \times 4 \cdot (1 \cdot A_{6,3} + 2 \cdot A_{5,3} + 3 \cdot A_{4,3} + 4 \cdot A_{3,3}) = 6720$

e_2) $A_{9,5} = 5 \times 4 \cdot (1 \cdot A_{7,3} + 2 \cdot A_{6,3} + 3 \cdot A_{5,3} + 4 \cdot A_{4,3} + 5 \cdot A_{3,3}) = 15120$

f_2) $A_{10,5} = 5 \times 4 \cdot (1 \cdot A_{8,3} + 2 \cdot A_{7,3} + 3 \cdot A_{6,3} + 4 \cdot A_{5,3} + 5 \cdot A_{4,3} + 6 \cdot A_{3,3}) = 30240$

g₂) $A_{11,5} = 5 \times 4 . (1 . A_{9,3} + 2 . A_{8,3} + 3 . A_{7,3} + 4 . A_{6,3} + 5 . A_{5,3} + 6 . A_{4,3} + 7 . A_{3,3}) = 55440$

h₂) $A_{12,5} = 5 \times 4 . (1 . A_{10,3} + 2 . A_{9,3} + 3 . A_{8,3} + 4 . A_{7,3} + 5 . A_{6,3} + 6 . A_{5,3} + 7 . A_{4,3} + 8 . A_{3,3}) = 95040$

Analisando os referidos resultados, posso escrever que:

$$A_{n,5} = 5 \times 4 . [1 . A_{n-2,3} + 2 . A_{n-3,3} + 3 . A_{n-4,3} + ... + (n - 4) . A_{3,3}]$$

Logicamente posso escrever que:

$$A_{n,5} = 5!/(5 - 2)! . [1 . A_{n-2,3} + 2 . A_{n-3,3} + 3 . A_{n-4,3} + ... + (n - 4) . A_{3,3}]$$

Também, posso escrever que:

$$A_{n,5} = 2 \times (4)? . [1 . A_{n-2,3} + 2 . A_{n-3,3} + 3 . A_{n-4,3} + ... + (n - 4) . A_{3,3}]$$

Demonstrei que:

$A_{3,3} = 3! (1 . A_{1,1}) = 6$

$A_{4,3} = 3! (1 . A_{2,1} + 2 . A_{1,1}) = 24$

$A_{5,3} = 3! (1 . A_{3,1} + 2 . A_{2,1} + 3 . A_{1,1}) = 60$

$A_{6,3} = 3! \ (1 . A_{4,1} + 2 . A_{3,1} + 3 . A_{2,1} + 4 . A_{1,1}) = 120$

$A_{7,3} = 3! \ (1 . A_{5,1} + 2 . A_{4,1} + 3 . A_{3,1} + 4 . A_{2,1} + 5 . A_{1,1}) = 210$

$A_{8,3} = 3! \ (1 . A_{6,1} + 2 . A_{5,1} + 3 . A_{4,1} + 4 . A_{3,1} + 5 . A_{2,1} + 6 . A_{1,1}) = 336$

$A_{9,3} = 3! \ (1 . A_{7,1} + 2 . A_{6,1} + 3 . A_{5,1} + 4 . A_{4,1} + 5 . A_{3,1} + 6 . A_{2,1} + 7 . A_{1,1}) = 504$

$A_{10,3} = 3! \ (1. A_{8,1} + 2 . A_{7,1} + 3 . A_{6,1} + 4 . A_{5,1} + 5 . A_{4,1} + 6 . A_{3,1} + 7 . A_{2,1} + 8 . A_{1,1}) = 720$

Substituindo convenientemente os referidos resultados em (a_2, b_2, c_2, d_2, e_2, f_2, g_2 e h_2), vem que:

a_3) $A_{5,5} = 5 \times 4 \times 3 \times 2 \times 1 . [(A_{1,1})] = 120$

b_3) $A_{6,5} = 5 \times 4 \times 3 \times 2 \times 1 . [(1 . A_{2,1} + 2 . A_{1,1}) + 2 . (A_{1,1})] = 720$

c_3) $A_{7,5} = 5 \times 4 \times 3 \times 2 \times 1 . [(1 . A_{3,1} + 2 . A_{2,1} + 3 . A_{1,1}) + 2 . (1 . A_{2,1} + 2 . A_{1,1}) + 3 . (1 . A_{1,1})] = 2520$

d_3) $A_{8,5} = 5 \times 4 \times 3 \times 2 \times 1 . [(1 . A_{4,1} + 2 . A_{3,1} + 3 . A_{2,1} + 4 . A_{1,1}) + 2 . (A_{3,1} + 2 . A_{2,1} + 3 . A_{1,1}) + 3 . (A_{2,1} + 2 . A_{1,1}) + 4 . (A_{1,1})] = 6720$

e₃) $A_{9,5} = 5 \times 4 \times 3 \times 2 \times 1 . [(1 . A_{5,1} + 2 . A_{4,1} + 3 . A_{3,1} + 4 . A_{2,1} + 5 . A_{1,1}) + 2 . (1 . A_{4,1} + 2 . A_{3,1} + 3 . A_{2,1} + 4 . A_{1,1}) + 3 . (1 . A_{3,1} + 2 . A_{2,1} + 3 . A_{1,1}) + 4 . (1 . A_{2,1} + 2 . A_{1,1}) + 5 . (A_{1,1})] = 15120$

f₃) $A_{10,5} = 5 \times 4 \times 3 \times 2 \times 1 . [(1 . A_{6,1} + 2 . A_{5,1} + 3 . A_{4,1} + 4 . A_{3,1} + 5 . A_{2,1} + 6 . A_{1,1}) + 2 . (A_{5,1} + 2 . A_{4,1} + 3 . A_{3,1} + 4 . A_{2,1} + 5 . A_{1,1}) + 3 . (A_{4,1} + 2 . A_{3,1} + 3 . A_{2,1} + 4 . A_{1,1}) + 4 . (A_{3,1} + 2 . A_{2,1} + 3 . A_{1,1}) + 5 . (A_{2,1} + 2 . A_{1,1}) + 6 . (A_{1,1})] = 30240$

g₃) $A_{11,5} = 5 \times 4 \times 3 \times 2 \times 1 . [(A_{7,1} + 2 . A_{6,1} + 3 . A_{5,1} + 4 . A_{4,1} + 5 . A_{3,1} + 6 . A_{2,1} + 7 . A_{1,1}) + 2 . (A_{6,1} + 2 . A_{5,1} + 3 . A_{4,1} + 4 . A_{3,1} + 5 . A_{2,1} + 6 . A_{1,1}) + 3 . (A_{5,1} + 2 . A_{4,1} + 3 . A_{3,1} + 4 . A_{2,1} + 5 . A_{1,1}) + 4 . (A_{4,1} + 2 . A_{3,1} + 3 . A_{2,1} + 4 . A_{1,1}) + 5 . (A_{3,1} + 2 . A_{2,1} + 3 . A_{1,1}) + 6 . (A_{2,1} + 2 . A_{1,1}) + 7 . (A_{1,1})] = 55440$

h₃) $A_{12,5} = 5 \times 4 \times 3 \times 2 \times 1 . [(A_{8,1} + 2 . A_{7,1} + 3 . A_{6,1} + 4 . A_{5,1} + 5 . A_{4,1} + 6 . A_{3,1} + 7 . A_{2,1} + 8 . A_{1,1}) + 2 . (A_{7,1} + 2 . A_{6,1} + 3 . A_{5,1} + 4 . A_{4,1} + 5 . A_{3,1} + 6 . A_{2,1} + 7 . A_{1,1}) + 3 . (A_{6,1} + 2 . A_{5,1} + 3 . A_{4,1} + 4 . A_{3,1} + 5 . A_{2,1} + 6 . A_{1,1}) + 4 . (A_{5,1} + 2 . A_{4,1} + 3 . A_{3,1} + 4 . A_{2,1} + 5 . A_{1,1}) + 5 . (A_{4,1} + 2 . A_{3,1} + 3 . A_{2,1} + 4 . A_{1,1}) + 6 . (A_{3,1} + 2 . A_{2,1} + 3 . A_{1,1}) + 7 . (A_{2,1} + 2 . A_{1,1}) + 8 . (A_{1,1})] = 95040$

Analisando os referidos resultados, e aplicando os resultados estabelecidos em parágrafos anteriores, posso escrever que:

$A_{n,5} = 5!\{[(n - 4)? .. ? (n - 4)] + 2 . [(n - 5)? .. ? (n - 5)] + 3 . [(n - 6)? .. ? (n - 6) + ... + (n - 4) . [n - (n - 1)]\}$

Para efeito ilustrativo, considere o seguinte exemplo:

Por intermédio da expressão que apresentei anteriormente, demonstrar que $A_{7,5} = 2520$.

Em primeiro lugar é necessário calcular o valor de $(n - 4)$ que no exemplo corresponde à seguinte igualdade:

$$(7 - 4) = 3$$

Em segundo lugar, deve-se armar a expressão, conforme a equação que apresentei.

$A_{7,5} = 5!\{[(7 - 4)? .. ? (7 - 4)] + 2 . [(7 - 5)? .. ? (7 - 5)] + 3 . [(7 - (7 - 1)]\}$

Em terceiro lugar, deve-se resolver a expressão:

$A_{7,5} = 5!\{[3? .. ?3] + 2 \times [2? .. ?2] + 3 \times 1\}$
$A_{7,5} = 5!\{[3 + 2 + 1 .. 1 + 2 + 3] + 2 \times [2 + 1 .. 1 + 2] + 3\}$
$A_{7,5} = 5!\{[1 \times 3 + 2 \times 2 + 3 \times 1] + 2 \times [1 \times 2 + 2 \times 1] + 3\}$
$A_{7,5} = 120 \times \{[3 + 4 + 3] + 2 \times [2 + 2] + 3\}$
$A_{7,5} = 120 \times \{10 + 2 \times 4 + 3\}$

$A_{7,5} = 120 \times 21$
$A_{7,5} = 2520$

E assim está demonstrada a realidade da equação que eu desejada apresentar. Uma outra equação que me parece bastante interessante foi deduzida por meio de erros e tentativas. Tal equação e expressa simbolicamente por:

$$A_{n,5} = 2 . (n-2) . (n-3) . (n-4) . [(n-1)?]$$

Então, para efeito de exemplo, considere $(A_{7,5})$. Desse modo, posso escrever que:

$A_{7,5} = 2 \times (7-2) \times (7-3) \times (7-4) \times [(7-1)?]$
$A_{7,5} = 2 \times 5 \times 4 \times 3 \times [6?]$
$A_{7,5} = 120 \times (6+5+4+3+2+1)$
$A_{7,5} = 120 \times 21$
$A_{7,5} = 2520$

Sendo que o referido resultado encontra-se em perfeito acordo com os dados obtidos anteriormente.
Demonstrei em parágrafos anteriores que:

$$(n-1)? = (n-1) . n/2$$

Então, com relação à equação empírica anteriormente apresentada, posso escrever que:

$$A_{n,5} = 2 . (n-2) . (n-3) . (n-4) . (n-1) . n/2$$

Eliminando os termos em evidência, resulta que:

$$A_{n,5} = (n - 2) \cdot (n - 3) \cdot (n - 4) \cdot [(n - 1) \cdot n]$$

Por meio de erros e tentativa, deduzi uma outra equação que caracteriza $A_{n,5}$. A referida equação é a seguinte:

$$A_{n,5} = [(n - 3)^2 - (n - 3)] \cdot [(n - 1)^3 - (n - 1)]$$

Então, para efeito de exemplo, considere o seguinte:

$$A_{6,5} = [(6 - 3)^2 - (6 - 3)] \times [(6 - 1)^3 - (6 - 1)]$$
$$A_{6,5} = [3^2 - 3] \times [5^3 - 5]$$
$$A_{6,5} = [9 - 3] \times [125 - 5]$$
$$A_{6,5} = 6 \times 120$$
$$A_{6,5} = 720$$

Sendo que tal resultado encontra-se em perfeito acordo com os dados apresentados anteriormente.

Com relação à expressão anterior, posso escrever que:

$$\mathbf{A_{n,5} = A_{(n-3),2} \cdot [(n - 1)^3 - (n - 1)]}$$

Para efeito de exemplo, considere o seguinte:

$A_{9,5} = A_{(9-3),2} \times [(9-1)^3 - (9-1)]$
$A_{9,5} = A_{6,2} \times [8^3 - 8]$
$A_{9,5} = 30 \times [512 - 8]$
$A_{9,5} = 30 \times 504$
$A_{9,5} = 15120$

Sendo que tal resultado encontra-se em perfeito acordo com os dados anteriores.

8- Quinta Equação Seguimental Arranjatoria ($A_{n,6}$)

Considere a seguinte tabela arranjatoria:

$A_{n,1}$	$Na_{,2}$	$A_{n,3}$	$A_{n,4}$
$A_{1,1} = 1$	$A_{2,2} = 2$	$A_{3,3} = 6$	$A_{4,4} = 24$
$A_{2,1} = 2$	$A_{3,2} = 6$	$A_{4,3} = 24$	$A_{5,4} = 120$
$A_{3,1} = 3$	$A_{4,2} = 12$	$A_{5,3} = 60$	$A_{6,4} = 360$
$A_{4,1} = 4$	$A_{5,2} = 20$	$A_{6,3} = 120$	$A_{7,4} = 840$
$A_{5,1} = 5$	$A_{6,2} = 30$	$A_{7,3} = 210$	$A_{8,4} = 1680$
$A_{6,1} = 6$	$A_{7,2} = 42$	$A_{8,3} = 336$	$A_{9,4} = 3024$
$A_{7,1} = 7$	$A_{8,2} = 56$	$A_{9,3} = 504$	$A_{10,4} = 5040$
$A_{8,1} = 8$	$A_{9,2} = 72$	$A_{10,3} = 720$	$A_{11,4} = 7920$

$A_{n,5}$	$A_{n,6}$
$A_{5,5} = 120$	$A_{6,6} = 720$
$A_{6,5} = 720$	$A_{7,6} = 5040$
$A_{7,5} = 2520$	$A_{8,6} = 20160$
$A_{8,5} = 6720$	$A_{9,6} = 60480$
$A_{9,5} = 15120$	$A_{10,6} = 151200$
$A_{10,5} = 30240$	$A_{11,6} = 332640$
$A_{11,5} = 55440$	$A_{12,6} = 665280$
$A_{12,4} = 95040$	$A_{13,6} = 1235520$

Observando as referidas tabelas, posso concluir que:

a) $A_{6,6} = 6 \cdot (A_{5,5}) = 720$

b) $A_{7,6} = 6 \cdot (A_{6,5} + A_{5,5}) = 5040$

c) $A_{8,6} = 6 \cdot (A_{7,5} + A_{6,5} + A_{5,5}) = 20160$

d) $A_{9,6} = 6 \cdot (A_{8,5} + A_{7,5} + A_{6,5} + A_{5,5}) = 60480$

e) $A_{10,6} = 6 \cdot (A_{9,5} + A_{8,5} + A_{7,5} + A_{6,5} + A_{5,5}) = 151200$

f) $A_{11,6} = 6 \cdot (A_{10,5} + A_{9,5} + A_{8,5} + A_{7,5} + A_{6,5} + A_{5,5}) = 332640$

g) $A_{12,6} = 6 \cdot (A_{11,5} + A_{10,5} + A_{9,5} + A_{8,5} + A_{7,5} + A_{6,5} + A_{5,5}) = 665280$

h) $A_{13,6} = 6 \cdot (A_{12,5} + A_{11,5} + A_{10,5} + A_{9,5} + A_{8,5} + A_{7,5} + A_{6,5} + A_{5,5}) = 1235520$

Assim, posso concluir que:

$$A_{n,6} = 6 \cdot (A_{n-1,5} + A_{n-2,5} + A_{n-3,5} + \ldots + A_{5,5})$$

Também, posso escrever que:

a$_1$) $A_{6,6} = 6 \times 5 . (1 . A_{4,4}) = 720$

b$_1$) $A_{7,6} = 6 \times 5 . (1 . A_{5,4} + 2 . A_{4,4}) = 5040$

c$_1$) $A_{8,6} = 6 \times 5 . (1 . A_{6,4} + 2 . A_{5,4} + 3 . A_{4,4}) = 20160$

d$_1$) $A_{9,6} = 6 \times 5 . (1 . A_{7,4} + 2 . A_{6,4} + 3 . A_{5,4} + 4 . A_{4,4})$
$= 60480$

e$_1$) $A_{10,6} = 6 \times 5 . (1 . A_{8,4} + 2 . A_{7,4} + 3 . A_{6,4} + 4 . A_{5,4} + 5 . A_{4,4}) = 151200$

f$_1$) $A_{11,6} = 6 \times 5 . (1 . A_{9,4} + 2 . A_{8,4} + 3 . A_{7,4} + 4 . A_{6,4} + 5 . A_{5,4} + 6 . A_{4,4}) = 332640$

g$_1$) $A_{12,6} = 6 \times 5 . (1 . A_{10,4} + 2 . A_{9,4} + 3 . A_{8,4} + 4 . A_{7,4} + 5 . A_{6,4} + 6 . A_{5,4} + 7 . A_{4,4}) = 665280$

h$_1$) $A_{13,6} = 6 \times 5 . (1 . A_{11,4} + 2 . A_{10,4} + 3 . A_{9,4} + 4 . A_{8,4} + 5 . A_{7,4} + 6 . A_{6,4} + 7 . A_{5,4} + 8 . A_{4,4}) = 1235520$

Desse modo, posso afirmar que:

$$A_{n,6} = 6 \times 5 . [1 . A_{n-2,4} + 2 . A_{n-3,4} + 3 . A_{n-4,4} + ... + (n - 5) . A_{4,4}]$$

Também, posso escrever que:

$$\mathbf{A_{n,6} = 2 \times (5)? . [1 . A_{n-2,4} + 2 . A_{n-3,4} + 3 . A_{n-4,4} + ... + (n - 5) . A_{4,4}]}$$

Demonstrei que:

$A_{4,4} = 4!.(1A_{1,1}) = 24$

$A_{5,4} = 4!.(1A_{2,1} + 3A_{1,1}) = 120$

$A_{6,4} = 4!.(1A_{3,1} + 3A_{2,1} + 6A_{1,1}) = 360$

$A_{7,4} = 4!.(1A_{4,1} + 3A_{3,1} + 6A_{2,1} + 10A_{1,1}) = 840$

$A_{8,4} = 4!.(1A_{5,1} + 3A_{4,1} + 6A_{3,1} + 10A_{2,1} + 15A_{1,1}) = 1680$

$A_{9,4} = 4!.(1A_{6,1} + 3A_{5,1} + 6A_{4,1} + 10A_{3,1} + 15A_{2,1} + 21A_{1,1}) = 3024$

$A_{10,4} = 4!.(1A_{7,1} + 3A_{6,1} + 6A_{5,1} + 10A_{4,1} + 15A_{3,1} + 21A_{2,1} + 28A_{1,1}) = 5040$

$A_{11,4} = 4!.(1A_{8,1} + 3A_{7,1} + 6A_{6,1} + 10A_{5,1} + 15A_{4,1} + 21A_{3,1} + 28A_{2,1} + 36A_{1,1}) = 7920$

Substituindo convenientemente os referidos resultados em $(a_1, b_1, c_1, d_1, e_1, f_1, g_1$ e $h_1)$, vem que:

a₂) $A_{6,6} = 6 \times 5 \times 4 \times 3 \times 2 \times 1 . [(1 . A_{1,1})] = 720$

b₂) $A_{7,6} = 6 \times 5 \times 4 \times 3 \times 2 \times 1 . [1 . (1 . A_{2,1} + 3 . A_{1,1}) + 2 . (A_{1,1})] = 5040$

c₂) $A_{8,6} = 6 \times 5 \times 4 \times 3 \times 2 \times 1 . [1 . (1 . A_{3,1} + 3 . A_{2,1} + 6 . A_{1,1}) + 2 . (1 . A_{2,1} + 3 . A_{1,1}) + 3 . (1 . A_{1,1})] = 20160$

d₂) $A_{9,6} = 6 \times 5 \times 4 \times 3 \times 2 \times 1 . [1 . (1 . A_{4,1} + 3 . A_{3,1} + 6 . A_{2,1} + 10 . A_{1,1}) + 2 . (A_{3,1} + 3 . A_{2,1} + 6 . A_{1,1}) + 3 . (1 . A_{2,1} + 3 . A_{1,1}) + 4 . (1 . A_{1,1})] = 60480$

e₂) $A_{10,6} = 6 \times 5 \times 4 \times 3 \times 2 \times 1 . [1 . (1 . A_{5,1} + 3 . A_{4,1} + 6 . A_{3,1} + 10 . A_{2,1} + 15 . A_{1,1}) + 2 . (1 . A_{4,1} + 3 . A_{3,1} + 6 . A_{2,1} + 10 . A_{1,1}) + 3 . (1 . A_{3,1} + 3 . A_{2,1} + 6 . A_{1,1}) + 4 . (1 . A_{2,1} + 3 . A_{1,1}) + 5 . (1 . A_{1,1})] = 151200$

f₂) $A_{11,6} = 6 \times 5 \times 4 \times 3 \times 2 \times 1 . [1 . (1 . A_{6,1} + 3 . A_{5,1} + 6 . A_{4,1} + 10 . A_{3,1} + 15 . A_{2,1} + 21 . A_{1,1}) + 2 . (1 . A_{5,1} + 3 . A_{4,1} + 6 . A_{3,1} + 10 . A_{2,1} + 15 . A_{1,1}) + 3 . (1 . A_{4,1} + 3 . A_{3,1} + 6 . A_{2,1} + 10 . A_{1,1}) + 4 . (1 . A_{3,1} + 3 . A_{2,1} + 6 . A_{1,1}) + 5 . (1 . A_{2,1} + 3 . A_{1,1}) + 6 . (A_{1,1})] = 332640$

g₂) $A_{12,6} = 6 \times 5 \times 4 \times 3 \times 2 \times 1 . [1 . (1 . A_{7,1} + 3 . A_{6,1} + 6 . A_{5,1} + 10 . A_{4,1} + 15 . A_{3,1} + 21 . A_{2,1} + 28 . A_{1,1}) + 2 . (1 . A_{6,1} + 3 . A_{5,1} + 6 . A_{4,1} + 10 . A_{3,1} + 15 . A_{2,1} + 21 . A_{1,1}) + 3 . (1 . A_{5,1} + 3 . A_{4,1} + 6 . A_{3,1} + 10 . A_{2,1} + 15 . A_{1,1}) + 4 . (1 . A_{4,1} + 3 . A_{3,1} + 6 . A_{2,1} + 10 . A_{1,1}) + 5 . (1 . A_{3,1} + 3 . A_{2,1} + 6 . A_{1,1}) + 6 . (1 . A_{2,1} + 3 . A_{1,1}) + 7 . (1 . A_{1,1})] = 665280$

h$_2$) $A_{13,6} = 6 \times 5 \times 4 \times 3 \times 2 \times 1 . [1 . (1 . A_{8,1} + 3 . A_{7,1}$ $+ 6 . A_{6,1} + 10 . A_{5,1} + 15 . A_{4,1} + 21 . A_{3,1} + 28 . A_{2,1} +$ $36 . A_{1,1}) + 2 . (1 . A_{7,1} + 3 . A_{6,1} + 6 . A_{5,1} + 10 . A_{4,1}$ $+ 15 . A_{3,1} + 21 . A_{2,1} + 28 . A_{1,1}) + 3 . (1 . A_{6,1} + 3 .$ $A_{5,1} + 6 . A_{4,1} + 10 . A_{3,1} + 15 . A_{2,1} + 21 . A_{1,1}) + 4 .$ $(1 . A_{5,1} + 3 . A_{4,1} + 6 . A_{3,1} + 10 . A_{2,1} + 15 . A_{1,1}) + 5$ $. (1 . A_{4,1} + 3 . A_{3,1} + 6 . A_{2,1} + 10 . A_{1,1}) + 6 . (1 . A_{3,1}$ $+ 3 . A_{2,1} + 6 . A_{1,1}) + 7 . (1 . A_{2,1} + 3 . A_{1,1}) + 8 . (1 .$ $A_{1,1})] = 1235520$

Analisando os referidos resultados, posso concluir que:

$A_{13,6} = 6![1 . (A_{8,1}) + 5 . (A_{7,1}) + 15 . (A_{6,1}) + 35 .$ $(A_{5,1}) + 70 . (A_{4,1}) + 126 . (A_{3,1}) + 210 . (A_{2,1}) + 330 .$ $(A_{1,1})] = 1235520$

Demonstrei que:

$$C_{4,4} = 1; C_{5,4} = 5; C_{6,4} = 15; C_{7,4} = 35; C_{8,4} = 70; C_{9,4} = 126; C_{10,4} = 210$$

Assim, posso escrever que:

$$A_{n,6} = 6!.(C_{4,4} . A_{n-5,1} + C_{5,4} . A_{n-6,1} + C_{6,4} . A_{n-7,1} + ... + C_{n-2,4} . A_{1,1})$$

Para efeito ilustrativo, considere o seguinte exemplo: por intermédio da expressão anteriormente obtida, demonstrar que:

$$A_{8,6} = 20160$$

Em primeiro lugar é necessário calcular o valor de $C_{n-2,4}$, que no exemplo apresentado corresponde à seguinte igualdade:

$$C_{8-2,4} = C_{6,4}$$

Em segundo lugar devo montar a expressão:

$$A_{8,6} = 6! \,.\, (C_{4,4} \,.\, A_{8-5,1} + C_{5,4} \,.\, A_{8-6,1} + C_{6,4} \,.\, A_{8-7,1})$$

Em terceiro lugar deve-se resolver a expressão:

$$A_{8,6} = 6!.(C_{4,4} \,.\, A_{3,1} + C_{5,4} \,.\, A_{2,1} + C_{6,4} \,.\, A_{1,1})$$
$$A_{8,6} = 720 \times (1 \times 3 + 5 \times 2 + 15 \times 1)$$
$$A_{8,6} = 720 \times (3 + 10 + 15)$$
$$A_{8,6} = 720 \times 28$$
$$A_{8,6} = 20160$$

E assim, demonstrei numericamente a verdade da equação em questão. Uma outra equação que pode ser facilmente deduzida por meio de tentativas e erros é a seguinte:

$$A_{n,6} = 2 \,.\, (n-2) \,.\, (n-3) \,.\, (n-4) \,.\, (n-5) \,.\, [(n-1)?]$$

Para efeito de exemplo, considere $A_{8,6}$. Assim, posso escrever que:

$A_{8,6} = 2 \times (8 - 2) \times (8 - 3) \times (8 - 4) \times (8 - 5) \times [(8 - 1)?]$

$A_{8,6} = 2 \times 6 \times 5 \times 4 \times 3 \times [7?]$

$A_{8,6} = 720 \times [7 + 6 + 5 + 4 + 3 + 2 + 1]$

$A_{8,6} = 720 \times 28$

$A_{8,6} = 20160$

Sendo que tal resultado encontra-se em perfeito acordo com a as informações anteriormente obtidas.

Demonstrei em parágrafos anteriores que:

$$(n - 1)? = (n - 1) \cdot n/2$$

Então, com relação à equação que apresentei anteriormente, posso escrever que:

$$A_{n,6} = 2 \cdot (n - 2) \cdot (n - 3) \cdot (n - 4) \cdot (n - 5) \cdot [(n - 1) \cdot n]/2$$

Eliminando os termos em evidência, resulta que:

$$A_{n,6} = (n - 2) \cdot (n - 3) \cdot (n - 4) \cdot (n - 5) \cdot [(n - 1) \cdot n]$$

Por meio de tentativas e erros deduzi uma outra equação que caracteriza $A_{n,6}$. Tal equação é a seguinte:

$$A_{n,6} = [(n - 4)^3 - (n - 4)] \cdot [(n - 1)^3 - (n - 1)]$$

Então, para efeito de exemplo, considere o seguinte:

$A_{8,6} = [(8 - 4)^3 - (8 - 4)] \times [(8 - 1)^3 - (8 - 1)]$
$A_{8,6} = [4^3 - 4] \times [7^3 - 7]$
$A_{8,6} = [64 - 4] \times [343 - 7]$
$A_{8,6} = 60 \times 336$
$A_{8,6} = 20160$

Sendo que o referido resultado encontra-se em perfeito acordo com a realidade das informações aprestadas na presente obra.

Com relação à referida expressão também posso escrever que:

$$A_{n,6} = A_{(n-3),3} \cdot [(n - 1)^3 - (n - 1)]$$

Desse modo, para efeito de exemplo, considere o seguinte:

$A_{9,6} = A_{(9-3),3} \times [(9 - 1)^3 - (9 - 1)]$
$A_{9,6} = A_{6,3} \times [8^3 - 8]$
$A_{9,6} = 120 \times [512 - 8]$
$A_{9,6} = 120 \times 504$
$A_{9,6} = 60480$

Sendo que tal resultado encontra-se em perfeito acordo com os dados apresentados.

9- Generalizações

A – Demonstrei que:

a) $A_{n,3} = 2 \cdot (n-2) \cdot [(n-1)?]$
b) $A_{n,4} = 2 \cdot (n-2) \cdot (n-3) \cdot [(n-1)?]$
c) $A_{n,5} = 2 \cdot (n-2) \cdot (n-3) \cdot (n-4) \cdot [(n-1)?]$
d) $A_{n,6} = 2 \cdot (n-2) \cdot (n-3) \cdot (n-4) \cdot (n-5) \cdot [(n-1)?]$

Generalizando os referidos resultados, posso escrever que:

$$A_{n,p} = 2 \cdot (n-2) \cdot (n-3) \cdot [(n-(p-2))] \cdot \ldots \cdot [n-(p-1)] \cdot [(n-1)?]$$

Sabe-se que:

$$(n-1)? = (n-1) \cdot n/2$$

Substituindo convenientemente as duas últimas expressões, vem que:

$$A_{n,p} = (n-2) \cdot (n-3) \cdot \ldots \cdot [n-(p-1)] \cdot [(n-1) \cdot n]$$

B – Demonstrei que:

a) $A_{n,4} = A_{(n-3),1} \cdot [(n-1)^3 - (n-1)]$
b) $A_{n,5} = A_{(n-3),2} \cdot [(n-1)^3 - (n-1)]$

c) $A_{n,6} = A_{(n-3),3} \cdot [(n-1)^3 - (n-1)]$

Generalizando os referidos resultados, posso escrever que:

$$A_{n,p} = A_{(n-3),(p-3)} \cdot [(n-1)^3 - (n-1)]$$

C – Demonstrei que:

a) $A_{n,3} = 3 \cdot (A_{n-1,2} + A_{n-2,2} + A_{n-3,2} + ... + A_{n-2,2})$
b) $A_{n,4} = 4 \cdot (A_{n-1,3} + A_{n-2,3} + A_{n-3,3} + ... + A_{n-3,3})$
c) $A_{n,5} = 5 \cdot (A_{n-1,4} + A_{n-2,4} + A_{n-3,4} + ... + A_{n-4,4})$
d) $A_{n,6} = 6 \cdot (A_{n-1,5} + A_{n-2,5} + A_{n-3,5} + ... + A_{n-5,5})$

Generalizando os referidos resultados, posso escrever que:

$$A_{n,p} = p \cdot (A_{(n-1),(p-1)} + A_{(n-2),(p-1)} + A_{(n-3),(p-1)} + ... + A_{(p-1),(p-1)})$$

10- Equação Seguimental de Linha

Considere a seguinte tabela arranjatoria:

$A_{n,1}$	Na_2	$A_{n,3}$	Na_4
$A_{1,1} = 1$	$A_{2,2} = 2$	$A_{3,3} = 6$	$A_{4,4} = 24$
$A_{2,1} = 2$	$A_{3,2} = 6$	$A_{4,3} = 24$	$A_{5,4} = 120$
$A_{3,1} = 3$	$A_{4,2} = 12$	$A_{5,3} = 60$	$A_{6,4} = 360$
$A_{4,1} = 4$	$A_{5,2} = 20$	$A_{6,3} = 120$	$A_{7,4} = 840$
$A_{5,1} = 5$	$A_{6,2} = 30$	$A_{7,3} = 210$	$A_{8,4} = 1680$
$A_{6,1} = 6$	$A_{7,2} = 42$	$A_{8,3} = 336$	$A_{9,4} = 3024$
$A_{7,1} = 7$	$A_{8,2} = 56$	$A_{9,3} = 504$	$A_{10,4} = 5040$
$A_{8,1} = 8$	$A_{9,2} = 72$	$A_{10,3} = 720$	$A_{11,4} = 7920$

Na_5	$A_{n,6}$
$A_{5,5} = 120$	$A_{6,6} = 720$
$A_{6,5} = 720$	$A_{7,6} = 5040$
$A_{7,5} = 2520$	$A_{8,6} = 20160$
$A_{8,5} = 6720$	$A_{9,6} = 60480$
$A_{9,5} = 15120$	$A_{10,6} = 151200$
$A_{10,5} = 30240$	$A_{11,6} = 332640$
$A_{11,5} = 55440$	$A_{12,6} = 665280$
$A_{12,4} = 95040$	$A_{13,6} = 1235520$

Observando as linhas horizontais da referida tabela pude deduzir a seguinte regra: Em cada linha horizontal em particular, a divisão de um número por qualquer um dos seus anteriores, obedece à seguinte equação:

$$A_{n2,p2}/A_{n1,p1} = A_{n2,(p2-p1)}$$

Onde, logicamente: $A_{n2,p2} > A_{n1,p1}$.

É muito importante observar que os números envolvidos têm que pertencer à mesma linha.

Para se saber com certeza se dois ou mais números pertencem à mesma linha, basta reduzi-los à $A_{n,1}$. Tal regra pode ser aplicada da seguinte maneira: Considere os seguintes valores numéricos:

$$A_{3,2}, A_{5,3}, A_{5,4}, A_{7,5}, A_{7,2}, A_{9,4}$$

Para deduzir $A_{3,\,2}$ a $A_{n,\,1}$, deve-se proceder do seguinte modo:

$$A_{3\text{-}2\,,\,2\text{-}1} = A_{2,1}$$

Para deduzir $A_{5,\,3}$ a $A_{n,\,1}$, deve-se proceder da seguinte forma:

$$A_{5\text{-}2\,,\,3\text{-}2} = A_{3,1}$$

Para deduzir $A_{5,\,4}$ a $A_{n,\,1}$, deve-se proceder da seguinte maneira:

$$A_{5\text{-}3\,,\,4\text{-}3} = A_{2,1}$$

Para deduzir $A_{7,\,5}$ a $A_{n,\,1}$, deve-se proceder do seguinte modo:

$$A_{7\text{-}4\,,\,5\text{-}4} = A_{3,1}$$

Para deduzir $A_{7,\,2}$ a $A_{n,\,1}$, deve-se proceder da seguinte forma:

$$A_{7\text{-}1\,,\,2\text{-}1} = A_{6,1}$$

Para deduzir $A_{9,\,4}$ a $A_{n,\,1}$, deve-se proceder da seguinte maneira:

$$A_{9\text{-}3\,,\,4\text{-}3} = A_{6,1}$$

Analisando os resultados obtidos posso concluir que:

$A_{3,2}$ e $A_{5,4} = A_{2,1}$, e portanto, pertencem à mesma linha.

$A_{5,3}$ e $A_{7,5} = A_{3,1}$, e portanto, pertencem à mesma linha.

$A_{7,2}$ e $A_{9,4} = A_{6,1}$, e portanto, pertencem à mesma linha.

Sendo que os referidos resultados estão em perfeito acordo com os da tabela apresentada anteriormente no presente subtítulo.

A equação que caracteriza a referida regra é a seguinte:

$$A_{n,1} = A_{m-x,\ p-x}$$

Onde:

$$p - 1 = x$$

APÊNDICE I

GENERALIZAÇÕES DO CÁLCULO SEGUIMENTAL

1- Introdução

Um número seguimental qualquer é representado por:

$$p_n = n?$$

Onde o símbolo (**?**), representa a *seguimental*. Com relação à última expressão, de uma forma mais geral, posso escrever que:

$$p_n = (n - 0) + (n - 1) + (n - 2) + (n - 3) + ... + (n - n)]$$

Portanto, conclui-se que:

$$n? = (n - 0) + (n - 1) + (n - 2) + (n - 3) + ... + (n - n)$$

2- Definições de Propriedades

a) n. = (n – 0), (n – 1), (n – 2), (n – 3), ..., (n – n)

Por exemplo: 4. = 4, 3, 2, 1, 0

b) .n = (n – n), ..., (n – 3), (n – 2), (n – 1), (n – 0)

Por exemplo: .4 = 0, 1, 2, 3, 4

c) n? = (n – 0) + (n – 1) + (n – 2) + (n – 3) + ... + (n – n)

Por exemplo: 4? = 4 + 3 + 2 + 1 + 0

d) ?n = (n – n) + ... + (n – 3) + (n – 2) + (n – 1) + (n – 0)

Por exemplo: ?4 = 0 + 1 + 2 + 3 + 4

e) n? . = (n – 0) . (n – 1) . (n – 2).(n – 3) . ... . [n – (n – 1)]

Por exemplo: 4? . = 4 x 3 x 2 x 1

f) ? . n = [n – (n – 1)] . ... . (n – 3) . (n – 2) . (n – 1) . (n – 0)

Por exemplo: ? . 4 = 1 x 2 x 3 x 4

O referido produto aparece freqüentemente nos problemas que envolvem o cálculo combinatório, sendo que é costume representa-lo simplesmente por n! (lê-se: n fatorial ou fatorial de n).

Portanto, posso concluir que:

$$\mathbf{n? \,. = n!}$$
$$\mathbf{. \,?n = n!}$$

g) n: = (n – 0) : (n – 1) : (n – 2) : (n – 3) : ... : [n – (n – 1)]

Por exemplo: 4: = 4 : 3 : 2 : 1

h) :n = [n – (n – 1)] : ... : (n – 3) : (n – 2) : (n – 1) : (n – 0)

Por exemplo: :4 = 1 : 2 : 3 : 4

i) n?– = (n 0) – (n – 1) – (n – 2) – (n – 3) – ... – (n – n)

Por exemplo: 4?- = 4 – 3 – 2 – 1 – 0

j) ?-n = (n – n) – ... – (n – 3) – (n – 2) – (n – 1) – (n – 0)

Por exemplo: ?-4 = 0 –1 – 2 – 3 – 4

k) [n?]? = (n – 0)? + (n – 1)? + (n – 2)? + ... + (n – n)?

Por exemplo: $[4?]? = 4? + 3? + 2? + 1? + 0? = (4 + 3 + 2 + 1 + 0) + (3 + 2 + 1 + 0) + (2 + 1 + 0) + (1 + 0) + (0)$

l) $?[n?] = (n - n)? + ... + (n - 2)? + (n - 1)? + (n - 0)?$

Por exemplo: $?[4?] = 0? + 1? + 2? + 3? + 4? = (0) + (1 + 0) + (2 + 1 + 0) + (3 + 2 + 1 + 0) + (4 + 3 + 2 + 1 + 0)$

m) $[?n]? = ?(n - 0) + ?(n - 1) + ?(n - 2) + ... + ?(n - n)$

Por exemplo: $[?4]? = ?4 + ?3 + ?2 + ?1 + ?0 = (0 + 1 + 2 + 3 + 4) + (0 + 1 + 2 + 3) + (0 + 1 + 2) + (0 + 1) + (0)$

n) $?[?n] = ?(n - n) + ... + ?(n - 2) + ?(n - 1) + ?(n - 0)$

Por exemplo: $?[?4] = ?0 + ?1 + ?2 + ?3 + ?4 = (0) + (0 + 1) + (0 + 1 + 2) + (0 + 1 + 2 + 3)0 + (0 + 1 + 2 + 3 + 4)$

Naturalmente existem equações seguimentais mais complicada, como as seguintes: $[(n?)?]?$; $\{[(n?)?]?\}?$ e outras, onde a ordem da seguimentais (?), caracteriza a ordem dos elementos numa distribuição equacional.

o) k . (n?) = k . [(n – 0) + (n – 1) + (n – 2) + ... + (n – n)]

p) [k(n?)]? = k.[(n – 0)? + (n – 1)? + (n – 2)? + ... + (n – n)?]

q) k.[(n?)]? = k.[(n – 0)? + (n – 1)? + (n – 2)? + ... + (n – n)?]

Então, posso escrever que:

$$k . [(n?)]? = [k . (n?)]?$$

r) $(n?)^? = (n?)^{n?} = [(n – 0) + (n – 1) + (n – 2) + ... + (n – n)]^{[(n – 0) + (n – 1) + (n – 2) + ... + (n – n)]}$

De um modo geral, posso escrever que:

$$(n?)^{x?} = [(n – 0) + (n – 1) + (n – 2) + ... + (n – n)]^{[(x – 0) + (x – 1) + (x – 2) + ... + (x – x)]}$$

s) (n?) . (m?) = [(n – 0) + (n – 1) + ... + (n – n)] . [(m – 0) + (m – 1) + ... + (m – m)]

t) (n?) .. (n?) = [(n – 0) + (n – 1) + ... + (n – n)] .. [(n – 0) + (n – 1) + ... + (n – n)] = [(n – 0) . (n – 0) + (n – 1) . (n – 1) + ... + (n – n) . (n – n)] ∴
(n?) .. (n?) = [(n – 0)^2 + (n – 1)^2 + ... + (n – n)^2]

u) (n?) .. (n?) .. (n?) = $[(n - 0)^3 + (n - 1)^3 + ... + (n - n)^3]$

v) (?n) .. (n?) = $[(n - n) + ... + (n - 1) + (n - 0)]$ .. $[(n - 0) + (n - 1) + ... + (n - n)]$ = $[(n - n) . (n - 0) + ... + (n - 0) . (n - n)]$

Algumas das propriedades do cálculo seguimental, foram aplicadas com sucesso nos cálculos de combinações, arranjos, geometria, e na Física Nuclear.

APÊNDICE II

CÁLCULO SEGUIMENTAL E A GEOMETRIA

1- Introdução

A geometria seguimental é a parte da matemática que tem por objetivo desenvolver métodos lógicos que venham a permitir o estabelecimento de fórmulas matemáticas aplicadas no cálculo de perímetros, áreas, volumes e número de blocos de determinado agrupamento piramidal.

2- Seguimental

Passarei agora a apresentar o conceito de seguimental que será fundamental no desenvolvimento da geometria seguimental.

Observe a definição que se segue:

$$n? = n + (n - 1) + (n - 2) + ... + 2 + 1 + 0$$
$$\text{com } n \in N \text{ e } n \geq 0$$

Pode-se ler o símbolo $(n?)$ como "seguimental de n"; ou "n seguimental".

Defino as seguintes verdades:

a) 0? = 0
b) 1? = 1

Observe que:

$$n? = n + (n - 1)?$$
$$(n \geq 0)$$

3- Pirâmides

Estudando as pirâmides, observa-se que elas apresentam formas bem delineadas e muitas vezes bastante regulares.

Com o objetivo de estudar as propriedades das pirâmides regulares, a geometria seguimental estabeleceu alguns modelos básicos para análise, a saber: pirâmide e meia-pirâmide.

A pirâmide fica perfeitamente caracterizada pelos seguintes conceitos: degraus, patamar, escada, blocos, altura, base, etc.

4- Meia Pirâmide

Apresentarei agora o estudo da meia pirâmide inscrita num plano.

Para isso considere a seguinte figura:

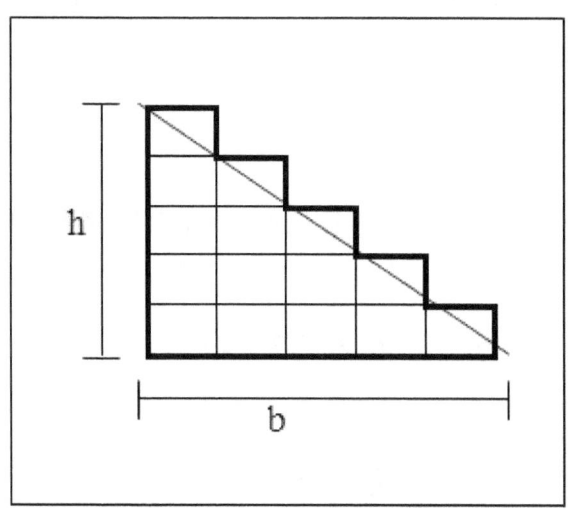

Estudando a referida pirâmide, podem-se constatar as seguintes propriedades:

a) A altura é igual à base: **h = b**

b) A quantidade de degraus é igual à altura: **d = h**

c) A escada é igual à quantidade de degraus: **e = d**

d) O comprimento da escada é o dobro da altura: **p = 2h**

e) O perímetro da meia pirâmide é a soma entre o comprimento da escada, a altura e a base: **R = 2h + h + b**. Ou seja: **R = 3h + b**. Como **h = b**, vem que: **R = 4h**

f) A quantidade de blocos da meia pirâmide é igual à base seguimental:

$$q = b?$$

g) A quantidade de blocos da meia pirâmide é igual à altura seguimental:

$$q = h?$$

h) Também se demonstra que a quantidade de blocos da meia pirâmide é expressa pela seguinte equação:

$$q = h^2/2 + h/2$$

Ou seja:

$$q = (h^2 + h)/2$$

i) Igualando convenientemente as expressões (g) e (h), obtém-se que:

$$q = h? = (h^2 + h)/2$$

Da referida expressão, pode-se concluir que:

$$h^2 = 2h? - h$$

5- Meia Pirâmide Quadricular

Considere agora a seguinte figura:

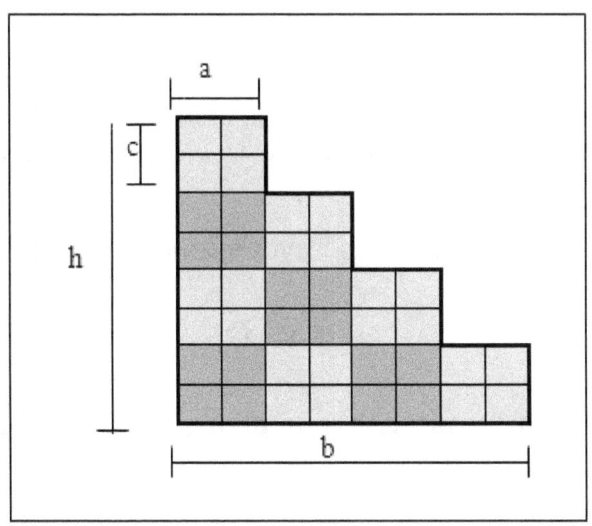

Analisando a referia pirâmide pode-se estabelecer as seguintes propriedades:

a) Cada blocão da referida meia pirâmide é constituído por quatro blocos. A quantidade de blocos no blocão é igual ao quadrado da aresta.

Simbolicamente, pode-se escrever que:

$$N = a^2$$

b) A quantidade de blocão na meia pirâmide é igual à seguimental da razão entre a base e a aresta.

Simbolicamente, o referido enunciado é expresso por:

$$Q = (b/a)?$$

c) A quantidade de blocos da meia pirâmide é igual ao produto entre o quadrado da aresta e a quantidade de blocão.

Então, pode-se escrever simbolicamente que:

$$q = a^2 . Q$$

Substituindo convenientemente as duas últimas expressões, resulta que:

$$q = a^2 . [(b/a)?]$$

d) A quantidade de blocos da meia pirâmide é igual à metade da base multiplicada pela soma existente entre a base e a aresta.

Simbolicamente o referido enunciado é expresso por:

$$q = b/2 . (b + a)$$

Igualando convenientemente as duas últimas expressões, resulta que:

$$a^2 . [(b/a)?] = b/2 . (b + a)$$

e) O perímetro da referida meia pirâmide é igual ao quádruplo da base.

Simbolicamente o referido enunciado é expresso por:

$$R = 4b$$

f) A referida meia pirâmide é quadricular, portanto a base é igual à altura.
Simbolicamente escreve-se:

$$b = h$$

g) O comprimento da escada da meia pirâmide quadricular é igual à soma existente entre a base pela altura.
O referido enunciado é expresso por:

$$p = b + h$$

h) Observa-se na referida meia pirâmide que a quantidade de blocos é igual à área que a mesma apresenta.
Simbolicamente pode-se escrever que:

$$q = A$$

Logo a área da meia pirâmide quadricular é expresso por:

$$A = a^2 . [(b/a)?]$$

i) Considerando que a referida meia pirâmide apresenta blocão de volume (a^3), então, o volume da meia pirâmide quadricular é igual ao cubo da aresta multiplicado pela seguimental da razão entre a base pela aresta.

Simbolicamente pode-se escrever que:

$$V = a^3 . [(b/a)?]$$

j) A base da referida meia pirâmide é igual à aresta horizontal (a) multiplicada pelo número de degraus.

Simbolicamente pode-se escrever que:

$$b = a . d$$

k) A altura da meia pirâmide é igual à aresta vertical (**c**) multiplicada pelo número de degraus.

O referido enunciado é expresso simbolicamente por:

$$h = c . d$$

6- Meia Pirâmide Retangular

Para a próxima análise considere a seguinte pirâmide:

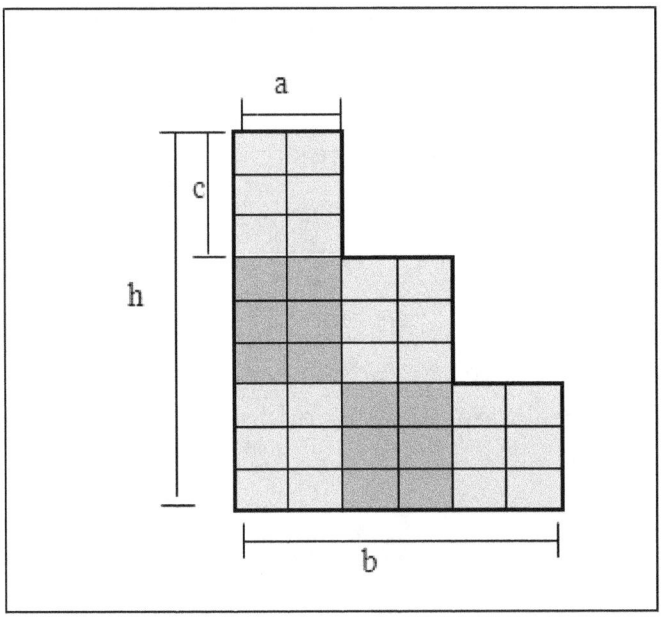

A referida meia pirâmide retangular apresenta as seguintes propriedades:

a) A meia pirâmide é retangular. Isto indica que a base é diferente da altura.
Simbolicamente pode-se escrever:

$$b \neq h$$

b) Na pirâmide retangular, o blocão apresenta aresta horizontal diferente da aresta vertical.
Em símbolos escreve-se:

$$a \neq c$$

c) O número de blocos de cada blocão é igual ao produto existente entre a aresta vertical pela aresta horizontal.

Simbolicamente escreve-se:

$$N = a \cdot c$$

d) A quantidade de blocão é igual à seguimental da razão entre a base pela aresta horizontal.

Simbolicamente o referido enunciado é expresso por:

$$Q = (b/a)?$$

e) A quantidade de blocão é igual à seguimental da razão entre a altura pela aresta vertical.

O referido enunciado é expresso simbolicamente por:

$$Q = (h/c)?$$

Igualando convenientemente as duas últimas expressões, vem que:

$$(b/a)? = (h/c)?$$

f) A quantidade de blocos da meia pirâmide é igual ao produto entre o número de blocos do blocão pela quantidade de blocão.

Simbolicamente, pode-se escrever que:

$$q = N \cdot Q$$

Como **(N = a . c)**, pode-se escrever que:

$$q = a \cdot c \cdot Q$$

Como **Q = (b/a)?**, vem que:

$$q = a \cdot c \cdot [(b/a)?]$$

Como **Q = (h/c)?**, resulta que:

$$q = a \cdot c \cdot [(h/c)?]$$

g) A altura da meia pirâmide é igual ao produto entre a base pela aresta vertical, inversa pela aresta horizontal.

Simbolicamente o referido enunciado é expresso por:

$$h = b \cdot c/a$$

h) A base da meia pirâmide é igual ao produto entre a altura pela aresta horizontal, inversa pela aresta vertical.

Simbolicamente, o referido enunciado é expresso por:

$$b = h \cdot a/c$$

i) A quantidade de blocos da meia pirâmide é igual à metade do produto entre a altura pela base, adicionada com a metade do produto entre a altura pela aresta horizontal.

Simbolicamente o referido enunciado é expresso por:

$$q = h \cdot b/2 + h \cdot a/2$$

Simplificando pode-se escrever que:

$$q = h/2(b + a)$$

Igualando a referida expressão com (**f**), vem que:

$$a \cdot c \cdot [(b/a)?] = h/2(b + a)$$

j) O comprimento da escada da meia pirâmide é igual à soma existente entre a base e a altura.

Simbolicamente, o referido enunciado é expresso por:

$$p = b + h$$

k) O perímetro da meia pirâmide é igual à soma entre a altura, a base e o comprimento da escada.

Simbolicamente pode-se escrever que:

$$R = b + h + p$$

Como ($p = b + h$), vem que:

$$R = 2 . (b + h)$$

Como ($h = b . c/a$), vem que:

$$R = 2 . (b + b . c/a)$$

Simplificando resulta que:

$$R = 2 . b(1 + c/a)$$

Como ($b = h . a/c$), também pode-se escrever que:

$$R = 2 . (h . a/c + h)$$

Simplificando, resulta que:

$$R = 2 . h(a/c + 1)$$

l) A base da meia pirâmide retangular é igual ao produto existente entre a aresta horizontal (**a**) pelo número de degraus.

O referido enunciado pode ser escrito simbolicamente por:

$$b = a . d$$

m) A altura da meia pirâmide retangular é igual ao produto entre a aresta vertical (**c**) pelo número de degraus.

Simbolicamente, pode-se escrever que:

$$h = c \cdot d$$

7- Pirâmide

Passarei a apresentar agora o estudo da pirâmide para isso considere a seguinte figura:

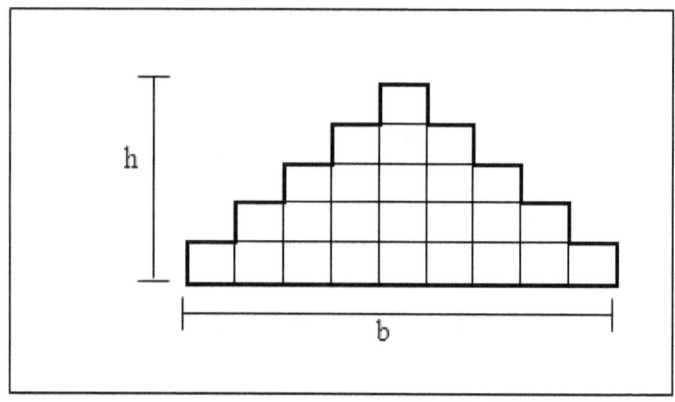

Estudando a referida pirâmide, podem-se chegar às seguintes conclusões:

a) A quantidade de blocos que formam a referida pirâmide é igual à seguimental da altura adicionada com a altura menos um seguimental.

Simbolicamente, pode-se escrever que:

$$q = h? + (h - 1)?$$

b) A quantidade de blocos que constituem a pirâmide em consideração, é igual à altura multiplicada pela base menos o quadrado da altura pela diferença da altura.

Simbolicamente pode-se escrever:

$$q = h \cdot b - (h^2 - h)$$

Simplificando, resulta que:

$$q = h \cdot [b - (h - 1)]$$

Igualando convenientemente as expressões consideradas, obtém-se:

$$h? + (h - 1)? = h \cdot [b - (h - 1)]$$

c) A base da pirâmide analisada é igual ao dobro da altura menos o índice um.

O referido enunciado é expresso simbolicamente por:

$$b = 2h - 1$$

Da referida expressão infere-se que a altura é igual à base adicionada ao índice um, dividida por dois.

Simbolicamente pode-se escrever:

$$h = (b + 1)/2$$

d) O comprimento da escada da referida pirâmide é igual ao dobro da base adicionada ao índice um.

O referido enunciado pode ser expresso simbolicamente por:

$$p = 2b + 1$$

e) O perímetro da dita pirâmide é igual à soma existente entre a base pelo comprimento da escada.

Simbolicamente pode-se escrever que:

$$R = b + p$$

Substituindo convenientemente as duas últimas expressões, vem que:

$$R = b + 2b + 1$$

Isto resulta que:

$$R = 3b + 1$$

Foi apresentado que **b = 2h − 1**, logo substituindo convenientemente as referidas expressões, resultam que:

$$R = 3 \cdot (2h − 1) + 1$$

Desenvolvendo o referido resultado, vem que:

$$R = 6h − 3 + 1$$

Que resulta na seguinte expressão:

$$R = 6h − 2$$

A referida equação define o perímetro da pirâmide em função da altura. Entretanto muitas vezes é conveniente definir o perímetro da pirâmide em função da base. Assim sendo, considere a seguinte demonstração:

Sabe-se que **h = (b + 1)/2**, então substituindo convenientemente as duas últimas expressões, resulta que:

$$R = 6[(b + 1)/2] − 2$$
$$R = (6b + 6)/2 − 2$$
$$R = (6b + 6 − 4)/2$$
$$R = (6b + 2)/2$$
$$R = 2(3b + 1)/2$$

$$R = 3b + 1$$

Assim tem-se uma expressão que define o perímetro da pirâmide em função da base.

8- Pirâmide Retangular

Passarei agora a estudar as propriedades da pirâmide retangular. Para isso considere a seguinte figura:

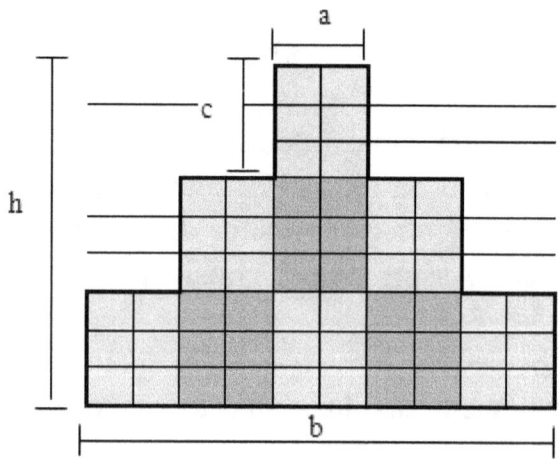

A referida pirâmide retangular apresenta as seguintes propriedades:

a) A quantidade de blocão da pirâmide retangular é igual à seguimental da razão existente entre a altura pela aresta vertical adicionada com a razão da altura pela aresta vertical menos um seguimental.

Simbolicamente o referido enunciado pode ser expresso por:

$$Q = (h/c)? + (h/c - 1)?$$

b) O número de blocos de cada blocão é igual ao produto existente entre a aresta horizontal pela aresta vertical.

Simbolicamente, o referido enunciado é expresso por:

$$N = a \cdot c$$

c) A quantidade de blocos da pirâmide retangular é igual à quantidade de blocão multiplicada pelo número de blocos de cada blocão.

Simbolicamente o referido enunciado pode se expresso da seguinte forma:

$$q = N \cdot Q$$

Substituindo convenientemente a referida expressão com aquela que foi obtida no item (**a**), resulta:

$$q = N \cdot [(h/c)? + (h/c - 1)?]$$

d) Analisando a referida pirâmide pode-se constatar que a altura é expressa pela seguinte equação:

$$h = c \cdot [(d + 1)/2]$$

e) Observa-se também que a base da pirâmide retangular pode ser expressa em função dos degraus, pela seguinte equação:

$$b = a \cdot [(d + 1)/2] + a \cdot [(d - 1)/2]$$

Ou seja:

$$b = a \cdot \{[(d + 1)/2] + [(d - 1)/2]\}$$

f) Nota-se também que a base da pirâmide retangular pode ser expressa pela seguinte equação:

$$b = h \cdot a/c + (h - c) \cdot a/c$$

Ou melhor:

$$b = a/c \cdot [h + (h - c)]$$

g) O comprimento da escada da pirâmide retangular é expressa por:

$$p = h + h \cdot a/c + h + (h - c) \cdot a/c$$

Ou seja:

$$p = 2h + h \cdot a/c + (h - c) \cdot a/c$$

$$p = 2h + a/c \cdot [h + (h - c)]$$

h) O comprimento da escada da pirâmide retangular também pode ser expressa por:

$$p = 2[(h - c) \cdot a/c + h] + a$$

i) O perímetro da pirâmide retangular é igual à soma entre a base com o comprimento da escada.

Simbolicamente o referido enunciado é expresso por:

$$R = b + p$$

Como:

$$p = h + h \cdot a/c + h + (h - c) \cdot a/c$$
$$b = h \cdot a/c + (h - c) \cdot a/c$$

Substituindo convenientemente as três últimas expressões, resulta que:

$$R = 2\{h \cdot (1 + a/c) + [(h - c) \cdot a/c]\}$$

APÊNDICE III

CÁLCULO SEGUIMENTAL E O MODELO ATÔMICO

1- Predições Para os Números Nobres

Os conhecidos gases nobres (**Ne, A, Kr, Xe, Rn**), apresentam uma estabilidade extremamente singular das camadas eletrônicas com ($Z = 2, 10, 18, 36, 54$ de 86 elétrons). Tal situação é matematicamente semelhante aos chamados números mágicos. E no caso atômico as indicações são mais pronunciadas do que no caso do modelo nuclear.

A partir de agora passo a chamar o número de elétrons (Z) dos gases nobres, simplesmente por "números nobres".

$$Z = 2, 10, 18, 36, 54, 86$$

Para predizer facilmente os valores dos números nobres eu vou alterar a ordenação em Energias das Subcamadas eletrônicas populadas mais extremas para "grupos de Subcamadas de pares ou Gêmeas".

Então considere o modelo que se segue:

	NG	**GS**	
CG			
	H	**5f + 6d + 7p + 8s** ——	**32**
	G	**4f + 5d + 6p + 7s** ——	**32**
	F	**4d + 5p + 6s** ————	**18**
	E	**3d + 4p + 5s** ————	**18**
	D	**3p + 4s** —————	**8**
	C	**2p + 3s** —————	**8**
	B	**2s** ——————	**2**
	A	**1s** ——————	**2**

Em tal modelo os valores do lado esquerdo representam o grupo de nomes da Subcamada (**GS**) e os valores do lado direito representam a capacidade do grupo da subcamada (**CG**), e os valores (**A, B, C, D, E, F, G, H**), representam o nome do grupo de subcamadas (**NG**).

Observe que os grupos aparecem dois a dois, por tal motivo pode-se denomina-los por *grupos gêmeos*.

Agora o autor encontra-se em condição de realizar as suas predições para os números nobres em termos do modelo de grupos de subcamadas, conforme proposto no presente artigo. Então seja:

$$Z_2 = A_2 + B_2 = 2$$
$$Z_{10} = A_2 + B_2 + C_8 = 10$$
$$Z_{18} = A_2 + B_2 + C_8 + D_8 = 18$$

$$Z_{36} = A_2 + B_2 + C_8 + D_8 + E_{18} = 36$$
$$Z_{54} = A_2 + B_2 + C_8 + D_8 + E_{18} + F_{18} = 54$$
$$Z_{86} = A_2 + B_2 + C_8 + D_8 + E_{18} + F_{18} + G_{32} = 86$$

Tais valores estão em perfeito acordo com os números nobres conhecidos atualmente. Simplesmente por pura curiosidade vou fazer a predição do próximo número nobre, segundo o modelo apresentado neste artigo. Tal número seria o seguinte:

$$Z_{118} = A_2 + B_2 + C_8 + D_8 + E_{18} + F_{18} + G_{32} + H_{32} = 118$$

Baseado nos referidos resultados, pode-se escrever que:

$$Z_2 = 1s + 2s = 2$$
$$Z_{10} = 1s + 2s + 2p + 3s = 10$$
$$Z_{18} = 1s + 2s + 2p + 3s + 3p + 4s = 18$$
$$Z_{36} = 1s + 2s + 2p + 3s + 3p + 4s + 3d + 4p + 5s = 36$$
$$Z_{54} = 1s + 2s + 2p + 3s + 3p + 4s + 3d + 4p + 5s + 4d + 5p + 6s = 54$$
$$Z_{86} = 1s + 2s + 2p + 3s + 3p + 4s + 3d + 4p + 5s + 4d + 5p + 6s + 4f + 5d + 6p + 7s = 86$$

Em meus estudos com a matemática pude verificar que a capacidade do grupo das subcamadas, podem ser expressos em termos de uma equação arranjatoria com característica de ($A_{n,2}$). Assim, considere a seguinte tabela:

$$A_{n,2}$$

$$A_{1,2} = 0$$
$$A_{2,2} = 2$$
$$A_{3,2} = 6$$
$$A_{4,2} = 12$$
$$A_{5,2} = 20$$
$$A_{6,2} = 30$$
$$A_{7,2} = 42$$
$$A_{8,2} = 56$$
$$A_{9,2} = 72$$

Então, com relação ao modelo apresentado pelo autor, pode-se escrever que:

Modelo Atômico em Grupos

CG	NG	GS		
	H	$5f + 6d + 7p + 8s$ ——	$A_{5,2}$	+
$A_{4,2} - 32$				
	G	$4f + 5d + 6p + 7s$ ——	$A_{5,2}$	+
$A_{4,2} - 32$				
	F	$4d + 5p + 6s$ ————	$A_{4,2}$	+
$A_{3,2} - 18$				
	E	$3d + 4p + 5s$ ————	$A_{4,2}$	+
$A_{3,2} - 18$				

	D	3p + 4s ——————— $A_{3,2}$	+
$A_{2,2}$ — 8			
	C	2p + 3s ——————— $A_{3,2}$	+
$A_{2,2}$ — 8			
	B	2s ——————— $A_{2,2}$	+
$A_{1,2}$ — 2			
	A	1s ——————— $A_{2,2}$	+
$A_{1,2}$ — 2			

De acordo com o modelo atômico, pode-se predizer facilmente a capacidade do grupo das sub-camadas. Sem nenhum interesse de natureza prática vou apenas por curiosidade predizer a próxima capacidade do grupo das subcamadas em (**I**) e (**J**).

	NG	**CG**	
	J ———————	$A_{6,2}$ + $A_{5,2}$	—
50			
	I ———————	$A_{6,2}$ + $A_{5,2}$	—
50			

Naturalmente os grupos de níveis devem ser apresentados aos pares, tendo em vista que são gê-meos.

Baseado nas idéias arranjatoria, pode-se fazer as seguintes predições de números nobres:

$$Z_2 = A_{2,2} + A_{1,2} = A_{1,2} + A_{2,2} = 2$$

$$Z_{10} = A_{2,2} + A_{1,2} + A_{3,2} + A_{2,2} = A_{1,2} + 2A_{2,2} + A_{3,2} = 10$$

$$Z_{18} = A_{2,2} + A_{1,2} + A_{3,2} + A_{2,2} + A_{3,2} + A_{2,2} = A_{1,2} + 3A_{2,2} + 2A_{3,2} = 18$$

$$Z_{36} = A_{2,2} + A_{1,2} + A_{3,2} + A_{2,2} + A_{3,2} + A_{2,2} + A_{4,2} + A_{3,2} = A_{1,2} + 3A_{2,2} + 3A_{3,2} + A_{4,2} = 36$$

$$Z_{54} = A_{2,2} + A_{1,2} + A_{3,2} + A_{2,2} + A_{3,2} + A_{2,2} + A_{4,2} + A_{3,2} + A_{4,2} + A_{3,2} = A_{1,2} + 3A_{2,2} + 4A_{3,2} + 2A_{4,2} = 54$$

$$Z_{86} = A_{2,2} + A_{1,2} + A_{3,2} + A_{2,2} + A_{3,2} + A_{2,2} + A_{4,2} + A_{3,2} + A_{4,2} + A_{3,2} + A_{5,2} + A_{4,2} = A_{1,2} + 3A_{2,2} + 4A_{3,2} + 3A_{4,2} + A_{5,2} = 86$$

Em minhas pesquisas matemáticos demonstrei as seguintes verdades:

$$A_{1,2} = 2 \cdot (A_{0,1}) = 0$$
$$A_{2,2} = 2 \cdot (A_{1,1}) = 2$$
$$A_{3,2} = 2 \cdot (A_{2,1} + A_{1,1}) = 6$$
$$A_{4,2} = 2 \cdot (A_{3,1} + A_{2,1} + A_{1,1}) = 12$$
$$A_{5,2} = 2 \cdot (A_{4,1} + A_{3,1} + A_{2,1} + A_{1,1}) = 20$$

Substituindo os referidos resultados no modelo atômico aqui apresentado, vem que:

NG   **GS**   **CG**

H $5f + 6d + 7p + 8s$ ——— $2 \cdot (A_{4,1} + 2A_{3,1} +$
$2A_{2,1} + 2A_{1,1})$ ——— 32

G $4f + 5d + 6p + 7s$ ——— $2 \cdot (A_{4,1} + 2A_{3,1} + A_{2,1}$
$+ 2A_{1,1})$ ———32

F $4d + 5p + 6s$ ——— $2 \cdot (A_{3,1} + 2A_{2,1} +$
$2A_{1,1})$ ———18

E $3d + 4p + 5s$ ——— $2 \cdot (A_{3,1} + 2A_{2,1} +$
$2A_{1,1})$ ———18

D $3p + 4s$ ——— $2 \cdot (A_{2,1} + 2A_{1,1})$
——————— 8

C $2p + 3s$ ——— $2 \cdot (A_{2,1} + 2A_{1,1})$
——————— 8

B $2s$ ——— 2 $(A_{1,1})$
——————— 2

A $1s$ ——— 2 $(A_{1,1})$
——————— 2

Cada grupo de subcamada é constituído por uma ou mais subcamadas; assim, o grupo (**A**) é constituído pela subcamada (**1s**); o grupo (**B**) é constituído por uma subcamada representada por (**2s**); o grupo (**C**) é constituído por duas subcamadas, a saber (**2p + 3s**); o grupo (**D**), também é caracterizado por duas subcamadas representadas por (**3p + 4s**); o grupo (**E**) é constituído por três subcamadas, a saber (**3d + 4p + 5s**); o grupo (**F**), também é constituído por três subcamadas representadas por (**4d + 5p + 6s**); o grupo (**G**) é caracterizado por quatro subcamadas, a saber

(**4f + 5d + 6p + 7s**) e o grupo (**H**) é representado por quatro subcamadas, a saber (**5f + 6d + 7p + 8s**).

Desse modo, sendo (**n**) o número de subcamadas que constituem o grupo, pode-se escrever que um grupo qualquer do modelo atômico é expresso por:

$$X \quad \frac{NG}{} \quad 2 . (2A_{1,1} + 2A_{2,1} + 2A_{3,1} + ... + 2A_{n-1,1} + A_{n,1})$$

$$CG$$

Fundamentado nos dados anteriores, pode-se representar os números nobres da seguinte maneira:

$$Z_2 = 2 . (A_{1,1}) = 2$$

$$Z_{10} = 2 . (A_{1,1}) + 2 . (A_{2,1} + 2A_{1,1}) = 2 . (3A_{1,1} + A_{2,1}) = 10$$

$$Z_{18} = 2 . (A_{1,1}) = 2 . (A_{2,1} + 2A_{1,1}) + 2 . (A_{2,1} + 2A_{1,1}) = 2 . (5A_{1,1} + 2A_{2,1}) = 18$$

$$Z_{36} = 2 . (A_{1,1}) = 2 . (A_{2,1} + 2A_{1,1}) + 2 . (A_{2,1} + 2A_{1,1}) + 2 . (A_{3,1} + 2A_{2,1} + 2A_{1,1}) = 2 . (7A_{1,1} + 4A_{2,1} + A_{3,1}) = 36$$

$$Z_{54} = 2 . (A_{1,1}) + 2 . (A_{2,1} + 2A_{1,1}) + 2 . (A_{2,1} + 2A_{1,1}) + 2 . (A_{3,1} + 2A_{2,1} + 2A_{1,1}) + 2 . (A_{3,1} + 2A_{2,1} + 2A_{1,1}) = 2 . (9A_{1,1} + 6A_{2,1} + 2A_{3,1}) = 54$$

$Z_{86} = 2 . (A_{1,1}) + 2.(A_{2,1} + 2A_{1,1}) + 2 . (A_{2,1} + 2A_{1,1}) +$
$2 . (A_{3,1} + 2A_{2,1} + 2A_{1,1}) + 2 . (A_{3,1} + 2A_{2,1} + 2A_{1,1}) +$
$2 . (A_{4,1} + 2A_{3,1} + 2A_{2,1} + 2A_{1,1}) = 2 . (11A_{1,1} + 8A_{2,1}$
$+ 4A_{3,1} + A_{4,1}) = 86$

2- Números Alcalinos

A energia de ionização é particularmente pequena para os elementos alcalinos (**Li, Na, K, Rb, Cs,
Fr**). Eles contêm um único elétron em uma subcamada (**s**), fracamente ligado.

Denominei por número alcalinos os seguintes
valores que caracterizam os elementos alcalinos.

$$Z = (3, 11, 19, 37, 55, 87)$$

No modelo atômico em questão, pode-se verificar que:

$Z_3 = (A_2 + B_2) - 1 = 3$ ou $B_2 + 1 = 3$

$Z_{11} = (A_2 + B_2 + C_8) - 1 = 11$ ou $B_2 + C_8 + 1 = 11$

$Z_{19} = (A_2 + B_2 + C_8 + D_8) - 1 = 19$ ou $B_2 + C_8 + D_8 + 1 = 19$

$Z_{37} = (A_2 + B_2 + C_8 + D_8 + E_{18}) - 1 = 37$ ou $B_2 + C_8 + D_8 + E_{18} + 1 = 37$

$Z_{55} = (A_2 + B_2 + C_8 + D_8 + E_{18} + F_{18}) - 1 = 55$ ou $B_2 + C_8 + D_8 + E_{18} + F_{18} + 1 = 55$

$Z_{87} = (A_2 + B_2 + C_8 + D_8 + E_{18} + F_{18} + G_{32}) - 1 = 87$ ou $B_2 + C_8 + D_8 + E_{18} + F_{18} + G_{32} + 1 = 87$

Também, pode-se escrever que:

$Z_3 = (A_{2,2} + A_{1,2}) + (A_{2,2} + A_{1,2}) - 1 = (2A_{2,2}) - 1 = (A_{2,2}) + 1 = 3$

$Z_{11} = (A_{2,2} + A_{1,2}) + (A_{2,2} + A_{1,2}) + (A_{3,2} + A_{2,2}) - 1 = (3A_{2,2} + A_{3,2}) - 1 = (A_{2,2} + A_{1,2}) + (A_{3,2} + A_{2,2}) + 1 = (2A_{2,2} + A_{3,2}) + 1 = 11$

$Z_{19} = (A_{2,2} + A_{1,2}) + (A_{2,2} + A_{1,2}) + (A_{3,2} + A_{2,2}) + (A_{3,2} + A_{2,2}) - 1 = (4A_{2,2} + 2A_{3,2}) - 1 = (A_{2,2} + A_{1,2}) + (A_{3,2} + A_{2,2}) + (A_{3,2} + A_{2,2}) + 1 = (3A_{2,2} + 2A_{3,2}) + 1 = 19$

$Z_{37} = (A_{2,2} + A_{1,2}) + (A_{2,2} + A_{1,2}) + (A_{3,2} + A_{2,2}) + (A_{3,2} + A_{2,2}) + (A_{4,2} + A_{3,2}) - 1 = (4A_{2,2} + 3A_{3,2} + A_{4,2}) - 1 = (A_{2,2} + A_{1,2}) + (A_{3,2} + A_{2,2}) + (A_{3,2} + A_{2,2}) + (A_{4,2} + A_{3,2}) + 1 = (3A_{2,2} + 3A_{3,2} + A_{4,2}) + 1 = 37$

$Z_{55} = (A_{2,2} + A_{1,2}) + (A_{2,2} + A_{1,2}) + (A_{3,2} + A_{2,2}) + (A_{3,2} + A_{2,2}) + (A_{4,2} + A_{3,2}) + (A_{4,2} + A_{3,2}) - 1 = (4A_{2,2} + 4A_{3,2} + 2A_{4,2}) - 1 = (A_{2,2} + A_{1,2}) + (A_{3,2} + A_{2,2}) + (A_{3,2} + A_{2,2}) + (A_{4,2} + A_{3,2}) + (A_{4,2} + A_{3,2}) + 1 = (3A_{2,2} + 4A_{3,2} + 2A_{4,2}) + 1 = 55$

$Z_{87} = (A_{2,2} + A_{1,2}) + (A_{2,2} + A_{1,2}) + (A_{3,2} + A_{2,2}) + (A_{3,2} + A_{2,2}) + (A_{4,2} + A_{3,2}) + (A_{4,2} + A_{3,2}) + (A_{5,2} + A_{4,2}) - 1 = (4A_{2,2} + 4A_{3,2} + 3A_{4,2} + A_{5,2}) - 1 = (A_{2,2} + A_{1,2}) + (A_{3,2} + A_{2,2}) + (A_{3,2} + A_{2,2}) + (A_{4,2} + A_{3,2}) + (A_{4,2} + A_{3,2}) + (A_{5,2} + A_{4,2}) + 1 = (3A_{2,2} + 4A_{3,2} + 3A_{4,2} + A_{5,2}) + 1 = 87$

Também, baseado no modelo apresentado no presente artigo, pode-se estabelecer outro método equacionario de obter os números alcalinos por $(A_{n,1})$. Assim, pode-se escrever que:

$Z_3 = 2 \cdot (A_{1,1}) + 1 = 3$
$Z_{11} = 2 \cdot (3A_{1,1} + A_{2,1}) + 1 = 11$
$Z_{19} = 2 \cdot (5A_{1,1} + 2A_{2,1}) + 1 = 19$
$Z_{37} = 2 \cdot (7A_{1,1} + 4A_{2,1} + A_{3,1}) + 1 = 37$
$Z_{55} = 2 \cdot (9A_{1,1} + 6A_{2,1} + 2A_{3,1}) + 1 = 55$
$Z_{87} = 2 \cdot (11A_{1,1} + 8A_{2,1} + 4A_{3,1} + A_{4,1}) + 1 = 87$

Naturalmente, com o referido método eu poderia deduzir qualquer outro número alcalino mesmo que na natureza não exista o elemento químico correspondente.

3- Números Halogênicos

Os elementos químicos (**F, Cl, Br, I** e **At**) tem um elétron a menos do que é necessário para comple-

tar sua subcamada (**p**). Eles tem alta afinidade eletrô-
nica.

Denominei por números halogênios os seguintes valores que caracterizam os elementos halogênios:

$$Z = (9, 17, 35, 53, 85)$$

Baseado no modelo atômico desenvolvido no
presente artigo, pode-se escrever que:

$Z_9 = (B_2 + C_8) - 1 = 9$
$Z_{17} = (B_2 + C_8 + D_8) - 1 = 17$
$Z_{35} = (B_2 + C_8 + D_8 + E_{18}) - 1 = 35$
$Z_{53} = (B_2 + C_8 + D_8 + E_{18} + F_{18}) - 1 = 53$
$Z_{85} = (B_2 + C_8 + D_8 + E_{18} + F_{18} + G_{32}) - 1 = 85$

Naturalmente, pode-se escrever que:

$Z_9 = (A_{2,2} + A_{1,2} + A_{3,2} + A_{2,2}) - 1 = (2A_{2,2} + A_{3,2}) - 1 = 9$

$Z_{17} = (A_{2,2} + A_{1,2} + A_{3,2} + A_{2,2} + A_{3,2} + A_{2,2}) - 1 = (3A_{2,2} + 2A_{3,2}) - 1 = 17$

$Z_{35} = (A_{2,2} + A_{1,2} + A_{3,2} + A_{2,2} + A_{3,2} + A_{2,2} + A_{4,2} + A_{3,2}) - 1 = (3A_{2,2} + 3A_{3,2} + A_{4,2}) - 1 = 35$

$Z_{53} = (A_{2,2} + A_{1,2} + A_{3,2} + A_{2,2} + A_{3,2} + A_{2,2} + A_{4,2} + A_{3,2} + A_{4,2} + A_{3,2}) - 1 = (3A_{2,2} + 4A_{3,2} + 2A_{4,2}) - 1 = 53$

$Z_{85} = (A_{2,2} + A_{1,2} + A_{3,2} + A_{2,2} + A_{3,2} + A_{2,2} + A_{4,2} + A_{3,2} + A_{4,2} + A_{3,2} + A_{5,2} + A_{4,2}) - 1 = (3A_{2,2} + 4A_{3,2} + 3A_{4,2} + 4A_{5,2}) - 1 = 85$

Por intermédio de $(A_{n,1})$, pode-se estabelecer as seguintes equações:

$Z_9 = 2 . (3A_{1,1} + A_{2,1}) - 1 = 9$

$Z_{17} = 2 . (5A_{1,1} + 2A_{2,1}) - 1 = 17$

$Z_{35} = 2 . (7A_{1,1} + 4A_{2,1} + A_{3,1}) - 1 = 35$

$Z_{53} = 2 . (9A_{1,1} + 6A_{2,1} + 2A_{3,1}) - 1 = 53$

$Z_{85} = 2 . (11A_{1,1} + 8A_{2,1} + 4A_{3,1} + A_{4,1}) - 1 = 85$

APÊNDICE IV

CÁLCULO SEGUIMENTAL E O MODELO NUCLEAR

Os valores que se seguem são os chamados na Física Nuclear de números mágicos: **Z = 2, 8, 20, 28, 50, 82, 126**

Como núcleos com grandes valores de (**Z**) ainda não foram detectados, não existe uma evidência concreta a favor ou contra de que o número **126** seria um número mágico para prótons. Todavia existe uma recente teoria, segundo a qual o número mágico para prótons após (**Z = 82**) poderia ser (**Z = 114**) e não (**Z = 126**) como estava previsto pelo modelo de camadas. Acredita-se também que (**N = 184**) é um outro número mágico para neutrons. Entretanto não existem evidência experimentais no que diz respeito aos valores de (**Z**) muito acima de **100** uma vez que os núcleos correspondentes ainda não foram descobertos e, dessa forma ainda não se sabe se (**Z = 126**) é um número mágico.

A mesma teoria que prediz o número mágico (**Z = 114**), também permitiu predizer alguns resultados com fissão espontânea que se mostram em perfeito acordo com a experiência.

Na tentativa de encontrar uma equação que pudesse realizar a previsão dos números mágicos, o autor foi levado à conclusão que os mesmos poderiam ser obtidos empregando o cálculo de arranjos segundo o desenvolvimento de sua teoria matemática.

Diante do apresentado, considere a seguinte relação de números mágicos de neutrons ou prótons:

Ne ou Z = 2, 8, 20, 28, 50, 82, 126 ou 114, 184

O primeiro número mágico será o número de núcleons necessário para preencher o primeiro nível, ou seja (**2**). Obtendo o mesmo resultado empregando a equação arranjatoria:

$$A_{2,2} = 2$$

O segundo número mágico será o número necessário para preencher os dois primeiros níveis, isto é, (**2 + 6 = 8**). Através do método da equação arrastaria desenvolvido pelo autor em outros artigos, pode-se escrever que:

$$A_{2,2} + A_{3,2} = 8$$

Se as energias do terceiro e do quarto níveis são bastante próximas, então o próximo número mágico será o número de núcleons necessário para preencher os quatro primeiros níveis; ou seja, (**2 + 6 + 10 + 2 = 20**).

Através do método da equação arranjatoria, pode-se escrever que:

$$A_{2,2} + A_{3,2} + A_{4,2} = 20$$

Até o presente momento, estes números mágicos concordam com os números mágicos observados: (**2, 8, 20, 28, 50, 82, 126**). Entretanto o quarto número mágico predito sob a hipótese da não existência da interação spin-órbita será o número total de núcleons necessário para preencher os primeiros cinco ou seis níveis de energia, dependendo se a diferença de energia entre o quinto ou sexto nível for considerada pequena ou não. Essas duas possibilidades são, respectivamente (**2 + 6 + 10 + 2 + 14 = 34**) e (**2 + 6 + 10 + 2 + 14 + 6 = 40**), que na teoria arranjatoria são caracterizadas respectivamente por:

$$A_{2,2} + (A_{3,2}) + A_{4,2} + A_{5,2} = 34 \text{ e}$$

$$A_{2,2} + A_{3,2} + A_{4,2} + A_{5,2} = 40$$

O fenômeno "$(A_{3,2})$" é o que denominei por *Buraco Mágico*.

Em ambos os casos, existe desacordo com o número mágico observado, (**28**). Uma forma numérica similar tornará aparente que os números mágicos superiores calculados sob aquela hipótese também estão em desacordo com os valores observados. Com efeito, não é possível remover tal discrepância através de um rearranjo dos espaçamentos - ou mesmo da ordem dos níveis de energia dos núcleons na ausência da interação spin-órbita. Entretanto se existe interação spin-órbita invertida e forte, então os níveis de núcleon se desdobram, de tal forma que não modifica os três primeiros números mágicos já calculados (**2, 8, 20**), conservando o acordo com a experiência. O interesse em introduzir a referida interação é que tal acordo é também verificado com relação aos números mágicos superiores. Então, o número mágico teórico seguinte ao (**20**) é o (**20 + 8 = 28**) que na teoria defendida no presente artigo é caracterizado por:

$$A_{2,2} + A_{3,2} + (A_{4,2}) + A_{5,2} = 28$$

Onde é eliminado o penúltimo fenômeno do Buraco Mágico ($A_{4,2}$), resultando que:

$$A_{2,2} + A_{3,2} + A_{5,2} = 28$$

Dessa forma os demais números mágicos podem ser previsto de forma semelhante. Assim, pode-se escrever que o quinto número mágico, é expresso em termos desta teoria, da seguinte forma:

$$A_{2,2} + A_{3,2} + A_{4,2} + (A_{5,2}) + A_{6,2} = 50$$

Onde o penúltimo fenômeno do Buraco Mágico ($A_{5,2}$) é eliminado, resultando que:

$$A_{2,2} + A_{3,2} + A_{4,2} + A_{6,2} = 50$$

O sexto número mágico expresso em termos desta teoria é caracterizado por:

$$A_{2,2} + A_{3,2} + A_{4,2} + A_{5,2} + (A_{6,2}) + A_{7,2} = 82$$

Onde o penúltimo fenômenos do Buraco Mágico ($A_{6,2}$) é eliminado, resultando que:

$$A_{2,2} + A_{3,2} + A_{4,2} + A_{5,2} + A_{7,2} = 82$$

O sétimo número mágico expresso nos termos defendidos pela presente teoria é caracterizado por:

$$A_{2,2} + A_{3,2} + A_{4,2} + A_{5,2} + A_{6,2} + (A_{7,2}) + A_{8,2} = 126$$

Onde o penúltimo fenômeno do Buraco Mágico ($A_{7,2}$) é eliminado, resultando que:

$$A_{2,2} + A_{3,2} + A_{4,2} + A_{5,2} + A_{6,2} + A_{8,2} = 126$$

O oitavo número mágico expresso nos termos apresentados neste artigo é caracterizado por:

$$A_{2,2} + A_{3,2} + A_{4,2} + A_{5,2} + A_{6,2} + A_{7,2} + (A_{8,2}) + A_{9,2} = \mathbf{184}$$

Onde o penúltimo fenômeno do Buraco Mágico ($A_{8,2}$) é eliminado, resultando que:

$$A_{2,2} + A_{3,2} + A_{4,2} + A_{5,2} + A_{6,2} + A_{7,2} + A_{9,2} = 184$$

Considerando a recente teoria, segundo o qual o número mágico para próton após ($Z = 82$) seria ($Z = 114$) e não ($Z = 126$). O modelo de camadas prediz que ($N = 126$) é um número mágico para *neutrons* o que é verificado experimentalmente. Entretanto não existem evidências experimentais no que diz respeito aos valores de números mágicos para *prótons* acima de (100) uma vez que os núcleos correspondentes ainda não foram descobertos e, dessa forma, não se sabe se ($Z = 126$) é um número mágico para *prótons*. As diferenças entre as predições do modelo de camada, com relação aos números mágicos elevados para prótons e para neutrons, vem do fato dos prótons terem, além do potencial nuclear, um potencial repulsivo coulombiano que se torna importante para valores elevados de (Z). Como resultado alguns níveis de energia são levantados em relação a outro nível. Portanto, considerando a interação spin-órbita invertida e forte e a interação coulombiana, o modelo apresentado no presente artigo permite estabelecer a seguinte equação:

$$A_{2,2} + A_{3,2} + (A_{4,2}) + A_{5,2} + A_{6,2} + (A_{7,2}) + A_{8,2} = 114$$

Onde os fenômenos dos Buracos Mágicos ($A_{4,2}$) e ($A_{7,2}$) são eliminados, resultando que:

$$A_{2,2} + A_{3,2} + A_{5,2} + A_{6,2} + A_{8,2} = 114$$

Se o ponto de vista da presente teoria estiver correto, então, o oitavo número mágico para prótons poderá ser o seguinte:

$$A_{2,2} + A_{3,2} + (A_{4,2}) + A_{5,2} + A_{6,2} + A_{7,2} + (A_{8,2}) + A_{9,2}$$
$$= 172$$

Ou o seguinte:

$$A_{2,2} + A_{3,2} + A_{4,2} + (A_{5,2}) + A_{6,2} + A_{7,2} + (A_{8,2}) + A_{9,2}$$
$$= 164$$

Atualmente os cálculos com o modelo coletivo indicam que o melhor compromisso entre as condições de estabilidade exigidas pelos modelos de camadas e da gota líquida é obtido através da remoção de quatro prótons, a fim de reduzir-se a energia coulombiana, a qual é extremamente importante para núcleos de (Z) tão elevados. Tais cálculos prevêem então uma estabilidade máxima em ($Z = 110$) e ($A = 294$); constituído uma ilha de estabilidade em um mar de fissão expontânea.

O valor de ($Z = 110$), também pode ser deduzida da presente teoria. Então, considere o seguinte:

$$(A_{2,2}) + A_{3,2} + A_{4,2} + A_{5,2} + A_{6,2} + A_{7,2} + A_{8,2} + A_{9,2} =$$
$$110$$

Resumindo os referidos resultados, pode-se escrever que:

$Z_2 = A_{2,2} = 2$

$Z_8 = A_{2,2} + A_{3,2} = 8$

$Z_{20} = A_{2,2} + A_{3,2} + A_{4,2} = 20$

$Z_{28} = A_{2,2} + A_{3,2} + (A_{4,2}) + A_{5,2} = 28$

$Z_{50} = A_{2,2} + A_{3,2} + A_{4,2} + (A_{5,2}) + A_{6,2} = 50$

$Z_{82} = A_{2,2} + A_{3,2} + A_{4,2} + A_{5,2} + (A_{6,2}) + A_{7,2} = 82$

$Z_{126} = A_{2,2} + A_{3,2} + A_{4,2} + A_{5,2} + A_{6,2} + (A_{7,2}) + A_{8,2} =$ 126

$Z_{184} = A_{2,2} + A_{3,2} + A_{4,2} + A_{5,2} + A_{6,2} + A_{7,2} + (A_{8,2}) +$ $A_{9,2} = 184$

$Z_{114} = A_{2,2} + A_{3,2} + (A_{4,2}) + A_{5,2} + A_{6,2} + (A_{7,2}) + A_{8,2}$ $= 114$

$Z_{110} = (A_{2,2}) + A_{3,2} + A_{4,2} + A_{5,2} + A_{6,2} + A_{7,2} + (A_{8,2})$ $+ (A_{9,2}) = 110$

Em meus trabalhos de matemática demonstrei que:

$$A_{n,2} = (n^2 - n)$$

Desse modo pode-se concluir que:

$Z_2 = (n_2^2 - n_2) = 2$

$$Z_8 = (n_2^2 - n_2) + (n_3^2 - n_3) = 8$$

$$Z_{20} = (n_2^2 - n_2) + (n_3^2 - n_3) + (n_4^2 - n_4) = 20$$

$$Z_{28} = (n_2^2 - n_2) + (n_3^2 - n_3) + [(n_4^2 - n_4)] + (n_5^2 - n_5) = 28$$

$$Z_{50} = (n_2^2 - n_2) + (n_3^2 - n_3) + (n_4^2 - n_4) + [(n_5^2 - n_5)] + (n_6^2 - n_6) = 50$$

$$Z_{82} = (n_2^2 - n_2) + (n_3^2 - n_3) + (n_4^2 - n_4) + (n_5^2 - n_5) + [(n_6^2 - n_6)] + (n_7^2 - n_7) = 82$$

$$Z_{126} = (n_2^2 - n_2) + (n_3^2 - n_3) + (n_4^2 - n_4) + (n_5^2 - n_5) + (n_6^2 - n_6) + [(n_7^2 - n_7)] + (n_8^2 - n_8) = 126$$

E assim, sucessivamente. Nas referidas expressões o valore de (**n**) é o próprio número que o mesmo carrega; assim, por exemplo: ($n_7 = 7$).

É muito interessante observar que a geometria desenvolvida por este autor, caracteriza de alguma forma os valores dos números mágicos, no que se refere ao cálculo da altura do pico de uma reta em relação ao vale da mesma.

Então, para efeito demonstrativo considere a equação elementar do segundo grau, caracterizada simbolicamente por:

$$y = x^2$$

Logicamente, tal equação produz os seguintes pares ordenados:

$$(x_0, y_0); (x_1, y_1); (x_2, y_4); (x_3, y_9); (x_4, y_{16}); (x_5, y_{25})$$

No meu tratado de Geometria afirmo constantemente que a altura (**h**) de uma reta no gráfico leandroniano, representada por um par ordenado (**x, y**) é igual à diferença existente entre o valor do pico (**y**) pelo vale (**x**).

Simbolicamente, o referido enunciado é expresso pela seguinte igualdade:

$$h = y - x$$

Então seja o seguinte par ordenado: (x_2, y_4). Logo vem que:

$$h_2 = y_4 - x_2 = 2$$

Tal resultado corresponde ao valor do primeiro número mágico.

Agora considere o seguinte par ordenado: (x_3, y_9). Assim, vem que:

$$h_6 = y_9 - x_3 = 6$$

Tal resultado adicionado com o anterior implica que:

$$h_2 + h_6 = 8$$

Sendo que o referido resultado corresponde ao valor do segundo número mágico.

Novamente, considere o seguinte par ordenado: (x_4, y_{16}). Então, pode-se escrever que:

$$h_{12} = y_{16} - x_4 = 12$$

Fazendo a adição das duas últimas expressões, vem que:

$$h_2 + h_6 + h_{12} = 20$$

Sendo que tal resultado corresponde ao terceiro número mágico.

Considere o seguinte par ordenado: (x_5, y_{25}). Logo pode-se escrever que:

$$h_{20} = y_{25} - x_5 = 20$$

Adicionando as duas últimas expressões, resulta que:

$$h_2 + h_6 + h_{12} + h_{20} = 40$$

Eliminando o penúltimo elemento, conforme regras anteriores, vem que:

$$h_2 + h_6 + (h_{12}) + h_{20} = 28$$

Sendo que o referido resultado corresponde ao quarto número mágico. E assim, sucessivamente, encontra-se os restantes dos números mágicos.

Em meus estudos, observando o diagrama de níveis de energia nucleares dispostos abaixo da energia de Fermi, pude verificar que os níveis energéticos e suas capacidades em ordem crescente de energia podem ser reclassificada em "grupos de energia" ou "grupo de níveis". Desse modo até o nível (**4s**), tem-se sete grupos de energia, representados pelas letras (**A, B, C, D, E, F, G**). E cada grupo de energia tem sua capacidade grupal muito bem definida. Então até o nível (**4s**), pode-se escrever que:

G — 1i + 2g + 3d + 4s —

56

F — 1h + 2f + 3p ———

42

E — 1g + 2d + 3s ———

30

D — 1f + 2p ————

20

C — 1d + 2s ————

12

B — 1p ——————

6

A — 1s ——————

2

É muito interessante observar que em meus estudos cheguei à conclusão que a capacidade grupal de cada nível é caracterizada por uma equação arranjatoria representada simbolicamente por:

$$A_{n,2}$$

Onde **n = 2, 3, 4, 5 ...**

Entretanto se (**A = 1**), (**B = 2**), (**C = 3**), (**D = 4**), (**E = 5**), (**F = 6**), e (**G = 7**), pode-se escrever que:

$$A_{G+1,2} = A_{8,2} = 56$$
$$A_{F+1,2} = A_{7,2} = 42$$
$$A_{E+1,2} = A_{6,2} = 30$$
$$A_{D+1,2} = A_{5,2} = 20$$
$$A_{C+1,2} = A_{4,2} = 12$$
$$A_{B+1,2} = A_{3,2} = 6$$
$$A_{A+1,2} = A_{2,2} = 2$$

Então, com relação ao "grupo de níveis energéticos" no modelo de camadas, pode-se escrever que:

$A_{8,2}$

$A_{7,2}$

$A_{6,2}$

G — 1i + 2g + 3d + 4s —

F — 1h + 2f + 3p ———

E — 1g + 2d + 3s ———

$A_{5,2}$

$A_{4,2}$

$A_{3,2}$

$A_{2,2}$

D— 1f + 2p ————————

C— 1d + 2s ————————

B— 1p ————————————

A— 1s ————————————

Novamente, é importante observar que a capacidade grupal permite prever os valores dos números mágicos, empregando as regras anteriormente impostas.

Logo, pode-se escrever que:

$Z_2 = A_{2,2} = 2$

$Z_8 = A_{2,2} + A_{3,2} = 8$

$Z_{20} = A_{2,2} + A_{3,2} + A_{4,2} = 20$

$Z_{28} = A_{2,2} + A_{3,2} + (A_{4,2}) + A_{5,2} = 28$

$Z_{50} = A_{2,2} + A_{3,2} + A_{4,2} + (A_{5,2}) + A_{6,2} = 50$

$Z_{82} = A_{2,2} + A_{3,2} + A_{4,2} + A_{5,2} + (A_{6,2}) + A_{7,2} = 82$

$Z_{126} = A_{2,2} + A_{3,2} + A_{4,2} + A_{5,2} + A_{6,2} + (A_{7,2}) + A_{8,2} = 126$

$Z_{114} = A_{2,2} + A_{3,2} + (A_{4,2}) + A_{5,2} + A_{6,2} + (A_{7,2}) + A_{8,2} = 114$

Então, pode-se concluir que:

$Z_2 = 1s$

$Z_8 = 1s + 1p$

$Z_{20} = 1s + 1p + 1d + 2s$

$Z_{28} = 1s + 1p + (1d) + (2s) + 1f + 2p$

$Z_{50} = 1s + 1p + 1d + 2s + (1f) + (2p) + 1g + 2d + 3s$

$Z_{82} = 1s + 1p + 1d + 2s + 1f + 2p + (1g) + (2d) + (3s) + 1h + 2f + 3p$

$Z_{126} = 1s + 1p + 1d + 2s + 1f + 2p + 1g + 2d + 3s + (1h) + (2f) + (3p) + 1i + 2g + 3d + 4s$

$Z_{114} = 1s + 1p + (1d) + (2s) + 1f + 2p + 1g + 2d + 3s + (1h) + (2f) + (3p) + 1i + 2g + 3d + 4s$

Naturalmente os grupos de níveis energéticos deverão ser desmembrados em níveis simples de energia e estes por sua vez desdobrados em subníveis de energia, para caracterizarem a ordem de preenchimento dos núcleons.

Também, é muito interessante observar que os grupos de níveis (**A, B, C, D, E, F, G**), caracterizam a quantidade de subníveis. Então, sendo (**A** = 1; **B** = 2; **C** = 3; **D** = 4; **E** = 5; **F** = 6; e **G** = 7), pode-se afirmar que: (**A**) caracteriza um subnível; (**B**) caracteriza dois subníveis e assim sucessivamente. E após ter feito as divisões gráficas dos subníveis, basta fazer a distribuição do número de núcleons do mesmo tipo que podem ocupar o nível correspondente sem violar o princípio de exclusão.

Em meus estudos matemáticos demonstrei que:

$A_{2,2} = 2 . (A_{1,1}) = 2$

$A_{3,2} = 2 . (A_{2,1} + A_{1,1}) = 6$

$A_{4,2} = 2 . (A_{3,1} + A_{2,1} + A_{1,1}) = 12$

$A_{5,2} = 2 . (A_{4,1} + A_{3,1} + A_{2,1} + A_{1,1}) = 20$

$A_{6,2} = 2 . (A_{5,1} + A_{4,1} + A_{3,1} + A_{2,1} + A_{1,1}) = 30$

$A_{7,2} = 2 . (A_{6,1} + A_{5,1} + A_{4,1} + A_{3,1} + A_{2,1} + A_{1,1}) = 42$

$A_{8,2} = 2 . (A_{7,1} + A_{6,1} + A_{5,1} + A_{4,1} + A_{3,1} + A_{2,1} + A_{1,1}) = 56$

É muito interessante observar nos referidos resultados, que os mesmos caracterizam os grupos de níveis energéticos representados por: $(A_{2,2} + A_{3,2} + A_{4,2} + A_{5,2} + A_{6,2} + A_{7,2} + A_{8,2})$. Caracterizam os números de subníveis (quando uma interação **S.L** invertida forte é introduzida); assim, por exemplo no grupo de níveis energéticos $(A_{4,2})$, existem três subníveis representados por: $(A_{3,1} + A_{2,1} + A_{1,1})$. Também, caracterizam desmembradamente os números de núcleons de mesmo tipo que ocupam cada subnível sem violar o princípio de exclusão. Por exemplo, o grupo de níveis energéticos $(A_{5,2})$, é simbolicamente caracterizado por:

$$A_{5,2} = 2 . (A_{4,1} + A_{3,1} + A_{2,1} + A_{1,1}) = 20$$

Tal expressão permite afirmar que o grupo de níveis energéticos ($A_{5,2} = 1f + 2p$), apresenta uma capacidade grupal de núcleons igual a vinte, sendo que os vintes núcleons estão distribuídos em quatro subníveis de energia conforme demonstra a seguinte expressão ($A_{4,1} + A_{3,1} + A_{2,1} + A_{1,1}$), sendo que a propriedade distributiva na equação ($A_{5,2} = 2A_{4,1} + 2A_{3,1} + 2A_{2,1} + 2A_{1,1}$), permite estabelecer o número de núcleons do mesmo tipo que podem ocupar o subnível, sem violar o princípio de exclusão. Logo pode-se afirmar que o grupo de níveis energéticos ($A_{5,2}$), apresenta uma capacidade grupal de vinte núcleons que estão distribuídos em quatro subníveis ($A_{4,1} + A_{3,1} + A_{2,1} + A_{1,1}$), sendo que um dos subníveis apresenta ($2A_{4,1} = 8$) núcleons, o outro subnível apresenta ($2A_{3,1} = 6$) núcleons, o outro subnível apresenta ($2A_{2,1} = 4$) núcleons e o último subnível apresenta ($2A_{1,1} = 2$) núcleons.

Tais resultados encontram-se em perfeito acordo com a realidade; entretanto a ordem em que se encontram os subníveis, no exemplo, não está de acordo com a realidade da predição do modelo nuclear de camadas. Logicamente um rearranjo na ordem dos subníveis nas equações apresentadas pelo autor, permitirá condizer com a realidade.

Assim, pode-se escrever que:

$$G — 1i + 2g + 3d + 4s — A_{8,2} =$$
$$2A_{7,1} + 2A_{5,1} + 2A_{3,1} + 2A_{6,1} + 2A_{4,1} + 2A_{1,1} + 2A_{2,1}$$
$$— 56$$

$F - 1h + 2f + 3p - A_{7,2} =$
$2A_{6,1} + 2A_{5,1} + 2A_{4,1} + 2A_{2,1} + 2A_{3,1} + 2A_{1,1} - 42$

$E - 1g + 2d + 3s - A_{6,2} =$
$2A_{5,1} + 2A_{4,1} + 2A_{3,1} + 2A_{2,1} + 2A_{1,1} - 30$

$D - 1f + 2p - A_{5,2} =$
$2A_{4,1} + 2A_{2,1} + 2A_{3,1} + 2A_{1,1} - 20$

$C - 1d + 2s - A_{4,2} =$
$2A_{3,1} + 2A_{1,1} + 2A_{2,1} - 12$

$B - 1p - A_{3,2} =$
$2A_{2,1} + 2A_{1,1} - 6$

$A - 1s - A_{2,2} =$
$2A_{1,1} - 2$

Segundo o presente modelo, tais conjuntos de equações caracterizam em parte o modelo nuclear de camadas.

Desse modo, os números mágicos são caracterizados por:

$Z_2 = A_{2,2} =$
$1 . (2A_{1,1}) = 2$

$Z_8 = A_{2,2} + A_{3,2} =$

$2A_{1,1} + 2A_{2,1} + 2A_{1,1} =$
$2 . (2A_{1,1}) + 1 . (2A_{2,1}) = 8$

$Z_{20} = A_{2,2} + A_{3,2} + A_{4,2} =$
$2A_{1,1} + 2A_{2,1} + 2A_{1,1} + 2A_{3,1} + 2A_{1,1} + 2A_{2,1} =$
$3 . (2A_{1,1}) + 2 . (2A_{2,1}) + 1 . (2A_{3,1}) = 20$

$Z_{28} = A_{2,2} + A_{3,2} + A_{5,2} =$
$2A_{1,1} + 2A_{2,1} + 2A_{1,1} + 2A_{4,1} + 2A_{2,1} + 2A_{3,1} + 2A_{1,1} =$
$3 . (2A_{1,1}) + 2 . (2A_{2,1}) + 1 . (2A_{3,1}) + 1 . (2A_{4,1}) = 28$

$Z_{50} = A_{2,2} + A_{3,2} + A_{4,2} + A_{6,2} =$
$2A_{1,1} + 2A_{2,1} + 2A_{1,1} + 2A_{3,1} + 2A_{1,1} + 2A_{2,1} + 2A_{5,1} +$
$2A_{4,1} + 2A_{3,1} + 2A_{2,1} + 2A_{1,1} =$
$4 . (2A_{1,1}) + 3 . (2A_{2,1}) + 2 . (2A_{3,1}) + 1 . (2A_{4,1}) + 1 .$
$(2A_{5,1}) = 50$

$Z_{82} = A_{2,2} + A_{3,2} + A_{4,2} + A_{5,2} + A_{7,2} =$
$2A_{1,1} + 2A_{2,1} + 2A_{1,1} + 2A_{3,1} + 2A_{1,1} + 2A_{2,1} + 2A_{4,1} +$
$2A_{2,1} + 2A_{3,1} + 2A_{1,1} + 2A_{6,1} + 2A_{5,1} + 2A_{4,1} + 2A_{2,1} +$
$2A_{3,1} + 2A_{1,1} =$
$5 . (2A_{1,1}) + 4 . (2A_{2,1}) + 3 . (2A_{3,1}) + 2 . (2A_{4,1}) + 1 .$
$(2A_{5,1}) + 1 .(2A_{6,1}) = 82$

$Z_{126} = A_{2,2} + A_{3,2} + A_{4,2} + A_{5,2} + A_{6,2} + A_{8,2} =$
$2A_{1,1} + 2A_{2,1} + 2A_{1,1} + 2A_{3,1} + 2A_{1,1} + 2A_{2,1} + 2A_{4,1} +$
$2A_{2,1} + 2A_{3,1} + 2A_{1,1} + 2A_{5,1} + 2A_{4,1} + 2A_{3,1} + 2A_{2,1} +$
$2A_{1,1} + 2A_{7,1} + 2A_{5,1} + 2A_{3,1}$ $2A_{6,1} + 2A_{4,1} + 2A_{1,1} +$
$2A_{2,1} =$

$6 . (2A_{1,1}) + 5 . (2A_{2,1}) + 4 . (2A_{3,1}) + 3 . (2A_{4,1}) + 2 . (2A_{5,1}) + 1 . (2A_{6,1}) + 1 . (2A_{7,1}) = 126$

$Z_{114} = A_{2,2} + A_{3,2} + A_{5,2} + A_{6,2} + A_{8,2} =$
$2A_{1,1} + 2A_{2,1} + 2A_{1,1} + 2A_{4,1} + 2A_{2,1} + 2A_{3,1} + 2A_{1,1} +$
$2A_{5,1} + 2A_{4,1} + 2A_{3,1} + 2A_{2,1} + 2A_{1,1} + 2A_{7,1} + 2A_{5,1} +$
$2A_{3,1} + 2A_{6,1} + 2A_{4,1} + 2A_{1,1} + 2A_{2,1} =$
$5 . (2A_{1,1}) + 4 . (2A_{2,1}) + 3 . (2A_{3,1}) + 3 . (2A_{4,1}) + 2 . (2A_{5,1}) + 1 . (2A_{6,1}) + 1 . (2A_{7,1}) = 114$

Com relação ao modelo atômico de grupos de níveis apresentados neste artigo, deve-se chamar a atenção do leitor para observar o padrão de formação dos grupos de níveis que sempre aparecem dois a dois. Ou seja:

$$G — 1i + 2g + 3d + 4s \quad \}$$

IV

$$F — 1h + 2f + 3p \ \} \ III$$
$$E — 1g + 2d + 3s \ \} \ III$$

$$D — 1f + 2p \qquad \} \ II$$
$$C — 1d + 2s \qquad \} \ II$$

$$B — 1p \quad \} \ I$$
$$A — 1s \quad \} \ I$$

Observando o referido modelo, nota-se que a cada dois grupos de níveis, aparece um nível que caracteriza o par. Tenho chamado os pares (**I, II, III, IV**) de grupos gêmeos.

Os valores (**2, 6, 12, 20, 30, 42, 56**) são caracterizados linearmente pela equação elementar do segundo grau:

$$y = x^2$$

Sob sua forma modular:

$$x - y$$

Ou:

$$x^2 - x$$

Evidentemente a referida equação permite estabelecer os seguintes pares ordenados:

(x_0, y_0); (x_1, y_1); (x_2, y_4); (x_3, y_9); (x_4, y_{16}); (x_5, y_{25}); (x_6, y_{36}); (x_7, y_{49}); (x_8, y_{64})

Empregando a equação modular, pode-se escrever que:

$$(y_4 - x_2) = (x_2^2 - x_2) = A_{2,2} =$$

2

$$(y_9 - x_3) = (x_3^2 - x_3) = A_{3,2} =$$

6

$$(y_{16} - x_4) = (x^2_4 - x_4) = A_{4,2} =$$

12

$$(y_{25} - x_5) = (x^2_5 - x_5) = A_{5,2} =$$

20

$$(y_{36} - x_6) = (x^2_6 - x_6) = A_{6,2} =$$

30

$$(y_{49} - x_7) = (x^2_7 - x_7) = A_{7,2} =$$

42

$$(y_{64} - x_8) = (x^2_8 - x_8) = A_{8,2} =$$

56

Então com relação aos referidos resultados, po-de-se escrever que:

$$G - 1i + 2g + 3d + 4s - (x^2_8 - x_8)$$

— 56

$$F - 1h + 2f + 3p \longrightarrow (x^2_7 - x_7)$$

— 42

$$E - 1g + 2d + 3s \longrightarrow (x^2_6 - x_6)$$

— 30

$$D - 1f + 2p \longrightarrow (x^2_5 - x_5)$$

— 20

$$C - 1d + 2s \longrightarrow (x^2_4 - x_4)$$

— 12

$$B - 1p \longrightarrow (x^2_3 - x_3)$$

— 6

$$A - 1s \longrightarrow (x^2_2 -$$

$$x_2) - 2$$

E com relação aos números mágicos, pode-se estabelecer que:

$$Z_2 = A_{2,2} = x^2_2 - x_2$$

$$Z_8 = A_{2,2} + A_{3,2} = (x^2_2 - x_2) + (x^2_3 - x_3) = x^2_2 + x^2_3 - x_2 - x_3$$

$$Z_{20} = A_{2,2} + A_{3,2} + A_{4,2} = (x^2_2 - x_2) + (x^2_3 - x_3) + (x^2_4 - x_4) = x^2_2 + x^2_3 + x^2_4 - x_2 - x_3 - x_4 = x^2_2 + x^2_4$$

$$Z_{28} = A_{2,2} + A_{3,2} + A_{5,2} = (x^2_2 - x_2) + (x^2_3 - x_3) + (x^2_5 - x_5) = x^2_2 + x^2_3 + x^2_5 - x_2 - x_3 - x_5 = x^2_2 + x^2_5 - 1$$

$$Z_{50} = A_{2,2} + A_{3,2} + A_{4,2} + A_{6,2} = (x^2_2 - x_2) + (x^2_3 - x_3) + (x^2_4 - x_4) + (x^2_6 - x_6) = x^2_2 + x^2_3 + x^2_4 + x^2_6 - x_2 - x_3 - x_4 - x_6 = x^2_4 + x^2_6 - 2$$

$$Z_{82} = A_{2,2} + A_{3,2} + A_{4,2} + A_{5,2} + A_{7,2} = (x^2_2 - x_2) + (x^2_3 - x_3) + (x^2_4 - x_4) + (x^2_5 - x_5) + (x^2_7 - x_7) = x^2_2 + x^2_3 + x^2_4 + x^2_5 + x^2_7 - x_2 - x_3 - x_4 - x_5 - x_7 = x^2_6 + x^2_7 - 3$$

$$Z_{126} = A_{2,2} + A_{3,2} + A_{4,2} + A_{5,2} + A_{6,2} + A_{8,2} = (x^2_2 - x_2) + (x^2_3 - x_3) + (x^2_4 - x_4) + (x^2_5 - x_5) + (x^2_6 - x_6) + (x^2_8 - x_8) = x^2_2 + x^2_3 + x^2_4 + x^2_5 + x^2_6 + x^2_8 - x_2 - x_3 - x_4 - x_5 - x_6 - x_8 = x^2_7 + x^2_9 - 4$$

$$Z_{114} = A_{2,2} + A_{3,2} + A_{5,2} + A_{6,2} + A_{8,2} = (x^2_2 - x_2) + (x^2_3 - x_3) + (x^2_5 - x_5) + (x^2_6 - x_6) + (x^2_8 - x_8) = x^2_2 + x^2_3 + x^2_5 + x^2_6 + x^2_8 - x_2 - x_3 + x_5 - x_6 - x_8$$

LIVRO II

ARTIGOS MATEMÁTICOS

LEANDRO BERTOLDO

APRESENTAÇÃO

Nesta obra o autor apresenta alguns dos artigos matemáticos que produziu entre os anos de 1978 a 1984, os quais foram escolhidos aleatoriamente para compor o presente livro, e estão sendo publicados da forma como foram produzidos originalmente. Os dez artigos que constituem a presente obra abrangem diversos campos da matemática. Em todos os artigos o autor empregou uma linguagem algébrica elementar, sendo que na maioria dos casos os artigos são ilustrados com exemplos numéricos, com o único propósito de facilitar a visualização da tese que o autor defende no artigo.

A esperança do autor é que esta obra possa de alguma forma ser útil a todos aqueles que apreciam a matemática como um amplo e inesgotável campo de pesquisa científica.

Leandro Bertoldo

Penetrai além da superfície;
os mais preciosos tesouros do pensamento
aguardam o hábil e diligente estudante.

Ellen Gould White
Escritora, conferencista, conselheira
e educadora norte-americana.
(1827-1915)

ARTIGO I

SOMA DE UMA PROGRESSÃO

1- Primeira Parte

$$S_n = a^0_1 + a^1_2 + a^2_3 + ... + a^p_n = a_1 \cdot (q^n - 1)/(q - 1)$$

Como $(q = a)$ pode-se escrever:

$$S_n = a^0_1 + a^1_2 + a^2_3 + ... + a^p_n = a_1 \cdot (a^n - 1)/(a - 1)$$

Como $(p = n - 1)$, ou seja, $(n = p + 1)$, conclui-se que:

$$S_n = a^0_1 + a^1_2 + a^2_3 + ... + a^p_n = a_1 \cdot (a^{p+1} - 1)/(a - 1)$$

Como $(a_1 = 1)$, pode-se escrever que:

$$S_n = a^0_1 + a^1_2 + a^2_3 + ... + a^p_n = (a^{p+1} - 1)/(a - 1)$$

Portanto vem que:

$$\mathbf{S_n = a^0 + a^1 + a^2 + ... + a^p = (a^{p+1} - 1)/(a - 1)}$$

2- Segunda Parte

Considere agora as seguintes expressões:
$$a^0 + b^0 = 2$$

$$a^1 + b^1 = c^1$$
$$a^2 + b^2 = d^2$$
$$a^3 + b^3 = e^3$$
$$a^4 + b^4 = f^4$$

A soma de todos os termos pode ser expressa por:

$$S = 2 + c^1 + d^2 + e^3 + f^4$$

Portanto, pode-se escrever que:

$$S = a^0 + b^0 + a^1 + b^1 + a^2 + b^2 + a^3 + b^3 + a^4 + b^4 = 2 + c^1 + d^2 + e^3 + f^4$$

Separando convenientemente os termos, pode-se escrever que:

$$S = a^0 + a^1 + a^2 + a^3 + a^4 + b^0 + b^1 + b^2 + b^3 + b^4 = 2 + c^1 + d^2 + e^3 + f^4$$

Como foi demonstrado:

$$S_n = a^0 + a^1 + a^2 + ... + a^p = (a^{p+1} - 1)/(a - 1)$$

Então, substituindo convenientemente as duas últimas expressões e generalizando-as pode-se escrever que:

$$S = 2 + c^1 + d^2 + e^3 + f^4 + ... + x^p = [(a^{p+1} - 1)/(a - 1)] + [(b^{p+1} - 1)/(b - 1)]$$

ARTIGO II

SÉRIE AO CUBO

1- Introdução

Considere as seguintes séries numéricas:

$1 \times 2 \times 3 + 2 = 8 = 2^3$
$2 \times 3 \times 4 + 3 = 27 = 3^3$
$3 \times 4 \times 5 + 4 = 64 = 4^3$
$4 \times 5 \times 6 + 5 = 125 = 5^3$
$5 \times 6 \times 7 + 6 = 216 = 6^3$
$6 \times 7 \times 8 + 7 = 343 = 7^3$

Essas séries podem ser expressas da seguinte forma:

$$(x + 0) . (x + 1) . (x + 2) + (x + 1) = (x + 1)^3$$

Desenvolvendo tal expressão, obtém-se que:

$$x^3 + 3x^2 + 2x = (x + 0) . (x + 1) . (x + 2)$$
$$x^3 + 3x^2 + 2x + x + 1 = (x + 1)^3$$
$$x^3 + 3x^2 + 3x + 1 = (x + 1)^3$$
$$x^3 + 3(x^2 + x) + 1 = (x + 1)^3$$

2- Número de Arranjos

Na série apresentada tal que:

$$(x + 0) \cdot (x + 1) \cdot (x + 2) + (x + 1) = (x + 1)^3$$

Pode-se definir que:

$$n_1 = (x + 0)$$
$$n_2 = (x + 1)$$
$$n = (x + 2)$$

Portanto, pode-se escrever que:

$$n_1 \cdot n_2 \cdot n + n = n^3{}_2$$

Observa-se claramente que a primeira parte da série apresentada é o número de arranjos de (n) elementos (p) a (p). Portanto, pode-se escrever que:

$$A_{n,3} + n_2 = n^3{}_2$$

Logo, se conclui que:

$$A_{n,3} = n!/(n - 3)! + n_2 = n^3{}_2$$

3- Simplificando para o Quadrado Perfeito

Foi demonstrado que:

$$n_1 \cdot n_2 \cdot n + n_2 = n^3{}_2$$
$$n_1 \cdot n_2 \cdot n = n^3{}_2 - n_2$$

$n_1 \cdot n_2 \cdot n = n_2 \cdot (n^2_2 - 1)$

Eliminando os termos em evidência vem que:

$$n_1 \cdot n = n^2_2 - 1$$
$$\mathbf{n_1 \cdot n + 1 = n^2_2}$$

4- Fórmula do Termo Geral

A partir da equação do quadrado perfeito pode-se estabelecer uma equação geral para qualquer potência. Observe:

$$n_1 \cdot n + 1 = n^2_2$$

Multiplicando ambos membros por (n_2), obtém-se que:

$$n_2 \cdot (n_1 \cdot n + 1) = n^3_2$$

Novamente multiplicando-se ambos membros por (n_2), obtém-se que:

$$n^2_2 \cdot (n_1 \cdot n + 1) = n^4_2$$

Outra vez multiplicando-se ambos membros por (n_2), obtém-se que:

$$n^3_2 \cdot (n_1 \cdot n + 1) = n^5_2$$

Generalizando os referidos resultados, concluí-se que:

$$n^{p-2}{}_2 \cdot (n_1 \cdot n + 1) = n^{p}{}_2$$

5- Generalização Para a Fórmula do Número de Arranjos

Pode-se demostrar que:

a) $[n!/(n-3)!] \cdot n^{0}{}_2 + n^{0}{}_2 = n^{2}{}_2$

b) $[n!/(n-3)!] \cdot n^{0}{}_2 + n^{1}{}_2 = n^{3}{}_2$

c) $[n!/(n-3)!] \cdot n^{1}{}_2 + n^{2}{}_2 = n^{4}{}_2$

d) $[n!/(n-3)!] \cdot n^{2}{}_2 + n^{3}{}_2 = n^{5}{}_2$

Generalizando os referidos resultados pode-se escrever que:

$$[n!/(n-3)!] \cdot n^{p-3}{}_2 + n^{p-2}{}_2 = n^{p}{}_2$$

ARTIGO III

DISTRIBUIÇÃO DE COMBINAÇÕES

1- Introdução

Seja (**A**) um conjunto com (**n**) elementos. Os subconjuntos de (**A**) com (**p**) elementos constituem agrupamentos que são chamados por combinações dos (**n**) elementos de (**A**), **p a p**.

Ocorre que os elementos (**n**) de um conjunto (**A**), são distribuídos em subconjuntos; e a distribuição de combinação procura estabelecer um método matemático de processamento de tal distribuição.

2- Equação Básica de Distribuição

Seja um conjunto (**A**) de (**n**) elementos:

$$A = (a_1, a_2, a_3, a_4, ..., a_n)$$

A combinação dos (**n**) elementos, distribuídos **n a n**, (**$D_{n,p}$**) escreve a seguinte verdade:

$$D_{n,p} = A$$

Já a combinação de (**n**) elementos, distribuídos a [**$D_{n,(n-1)}$**], me permite enunciar o seguinte postulado básico: *A distribuição (D) de (n) elemento a (n – 1) implica ao inverso dos elementos do conjunto (A); e, cujo, o quociente da regra do produto pela soma é igual à distribuição de uma combinação.*

Para compreender o significado fundamental do referido enunciado, considere um conjunto (**A**) com (**n**) elementos:

$$A = (a_1, a_2, a_3, ..., a_n)$$

De acordo com o referido enunciado, posso escrever que:

$$D_{n,(n-1)} = (1/a_1), (1/a_2), (1/a_3), ..., (1/ a_n)$$

Aplicando a regra do produto pela soma, posso escrever que:

$$D_{n,(n-1)} \Rightarrow [(a_2, a_3, ..., a_n), (a_1, a_3, ..., a_n), (a_1, a_2, ..., a_n), (a_1, a_2, a_3, ...)]/[(a_1, a_2, a_3, ..., a_n)]$$

E de acordo com o postulado básico retro mencionado, o quociente da regra do produto pela soma, representa a distribuição que defendo neste artigo [$D_{n,(n-1)}$], em uma combinação. Assim, posso escrever que:

$$D_{n,(n-1)} = (a_2, a_3, ..., a_n), (a_1, a_3, ..., a_n), (a_1, a_2, ..., a_n), (a_1, a_2, a_3, ...)$$

Para efeito de exemplo, considere os seguintes casos:

a) $A = (a_1, a_2)$

Pelo processo apresentado no presente trabalho, posso escrever que:

$$D_{2,(2-1)} \Rightarrow (1/a_1), (1/a_2)$$

Pelo conceito de mínimo múltiplo comum, posso escrever que:

$$D_{2,1} \Rightarrow (a_2), (a_1)/(a_1, a_2)$$

Portanto, considerando o quociente da referida relação, posso concluir que:

$$\mathbf{D_{2,1} = (a_1), (a_2)}$$

b) $A = (a_1, a_2, a_3)$

Considerando o inverso dos referidos elementos, posso escrever que:

$$D_{3,(3-1)} \Rightarrow (1/a_1), (1/a_2), (1/a_3)$$

Pela noção de mínimo múltiplo comum, pode-se escrever que:

$$D_{3,2} \Rightarrow [(a_2, a_3), (a_1, a_3), (a_1, a_2)]/[(a_1, a_2, a_3)]$$

Ao considerar apenas o quociente da referida relação posso escrever que:

$$\mathbf{D_{3,2} = (a_2, a_3), (a_1, a_3), (a_1, a_2)}$$

c) $A = (a_1, a_2, a_3, a_4)$

Resolvendo tal conjunto de acordo com os passos realizados nos exemplos anteriores, posso escrever que:

$$D_{4,(4-1)} \Rightarrow (1/a_1), (1/a_2), (1/a_3), (1/a_4)$$

Portanto, vem que:

$$D_{4,3} \Rightarrow [(a_2, a_3, a_4) (a_1, a_3, a_4) (a_1, a_2, a_4), (a_1, a_2, a_3)]/[(a_1, a_2, a_3, a_4)]$$

Logo, conclui-se que:

$$\mathbf{D_{4,3} = (a_2, a_3, a_4), (a_1, a_3, a_4), (a_1, a_2, a_4), (a_1, a_2, a_3)}$$

3- Generalização da Equação Fundamental

Considere um conjunto (**A**), com (**n**) elementos, numa distribuição básica de $\mathbf{D_{n,(n-1)}}$. Ou seja:

$$A = (a_1, a_2, a_3, ..., a_n)$$

Afirmo que:

$$D_{n,(n-1)} = (A/a_1), (A/a_2), (A/a_3), ..., (A/a_n)$$

Sendo que tal expressão representa a generalização do conceito defendido no presente artigo.
Para efeito de visualização, considere os seguintes exemplos:

a) $A = (a_1, a_2)$

Aplicando a equação fundamental, vem que:

$$D_{2,(2-1)} = (a_1, a_2/a_1), (a_1, a_2/a_2)$$

Eliminando os termos em evidência, resulta que:

$$\mathbf{D_{2,1} = (a_2), (a_1)}$$

b) $A = (a_1, a_2, a_3)$

Aplicando a equação fundamental, vem que:

$$D_{3,(3-1)} = (A/a_1), (A/a_2), (A/a_3)$$

Assim, vem que:

$$D_{3,2} = (a_1, a_2, a_3/a_1), (a_1, a_2, a_3/a_2), (a_1, a_2, a_3/a_3)$$

Ao eliminar os termos em evidência, resulta que:

$$D_{3,2} = (a_2, a_3), (a_1, a_3), (a_1, a_2)$$

Agora, considere uma combinação de quatro elementos de um conjunto (**A**), três a três.

c) $A = (a_1, a_2, a_3, a_4)$

A distribuição permite escrever que:

$$D_{4,(4-1)} = (A/a_1), (A/a_2), (A/a_3), (A/a_4)$$

Portanto, posso escrever que:

$$D_{4,3} = (a_1, a_2, a_3, a_4/a_1), (a_1, a_2, a_3, a_4/a_2), (a_1, a_2, a_3, a_4/a_3), (a_1, a_2, a_3, a_4/a_4)$$

Ao eliminar os termos em evidência de cada um dos parênteses, obtém-se a seguinte distribuição:

$$D_{4,3} = (a_2, a_3, a_4) (a_1, a_3, a_4) (a_1, a_2, a_4), (a_1, a_2, a_3)$$

4- Processo Geral

O processo geral consiste em partir de uma distribuição ($D_{n,(n-1)}$), e sucessivamente obter as distribuições intermediárias $(D_{n,(n-2)})$, $(D_{n,(n-3)})$ até $(D_{n,(n-n)})$. Ou melhor, a partir de um conjunto (A) com (n) elementos, deve-se fazer a distribuição $(D_{n,(n-1)})$, a qual resultará em alguns subconjuntos (B) de (A), e novamente fazer a distribuição desses subconjuntos, para obter $(D_{n,(n-2)})$. Como numa distribuição de subconjuntos existem muitos elementos repetidos, eles devem ser eliminados, ficando apenas um, representando-o na distribuição.

Em um meio mais simples basta colocar os elementos dos subconjuntos de (A) no inverso, e através da regra do produto pela soma, obter no quociente a nova distribuição.

Seja, então, a seguinte distribuição inicial:

$$A = (a_1, a_2, a_3, ..., a_n)$$

$$D_{n,(n-1)} = (A/a_1), (A/a_2), (A/a_3), ..., (A/a_n)$$

Sendo:

$$(A/a_1) = B_1, (A/a_2) = B_2, (A/a_3) = B_3, ..., (A/a_n) = B_n$$

E também sendo os subconjuntos constituídos por:

$$B_1 = (a_x, a_y, a_z, ..., a_s)$$
$$B_2 = (a_r, a_p, a_m, ..., a_b)$$
$$B_3 = (a_f, a_g, a_h, ..., a_i)$$

Posso concluir que a distribuição $D_{n,(n-2)}$ será a seguinte:

a) $D_{n,(n-2)} = (B_1/a_x), (B_1/a_y), (B_1/a_z), ..., (B_1/a_s)$

b) $D_{n,(n-2)} = (B_2/a_r), (B_2/a_p), (B_2/a_m), ..., (B_2/a_b)$

c) $D_{n,(n-2)} = (B_3/a_f), (B_3/a_g), (B_3/a_h), ..., (B_3/a_i)$

Cancelando os termos que se repetem no sub-subconjunto (**B**), e inscrevendo-os, obtém-se:

$$D_{n,(n-2)} = c_1, c_2, c_3, ..., c_n$$

Para efeito de visualização, considere o seguinte exemplo:

$$A = (a_1, a_2, a_3, a_4, a_5)$$

Uma distribuição inicial permite escrever que:

$$D_{5,(5-1)} = (A/a_1), (A/a_2), (A/a_3), (A/a_4), (A/a_5)$$

Ou seja:

$$D_{5,4} = (a_1, a_2, a_3, a_4, a_5/a_1), (a_1, a_2, a_3, a_4, a_5/a_2), (a_1, a_2, a_3, a_4, a_5/a_3), (a_1, a_2, a_3, a_4, a_5/a_4), (a_1, a_2, a_3, a_4, a_5/a_5)$$

Ao eliminar os termos em evidência, resulta que:

$D_{5,4}$ = (a_2, a_3, a_4, a_5), (a_1, a_3, a_4, a_5), (a_1, a_2, a_4, a_5), (a_1, a_2, a_3, a_5), (a_1, a_2, a_3, a_4)

Sendo:

$B_1 = (a_2, a_3, a_4, a_5)$
$B_2 = (a_1, a_3, a_4, a_5)$
$B_3 = (a_1, a_2, a_4, a_5)$
$B_4 = (a_1, a_2, a_3, a_5)$
$B_5 = (a_1, a_2, a_3, a_4)$

Posso escrever, pelo processo geral que:

$D_{5,(4-1)}$ $\Rightarrow$ (B_1/a_2), (B_1/a_3), (B_1/a_4), (B_1/a_5), (B_2/a_1), (B_2/a_3), (B_2/a_4), (B_2/a_5), (B_3/a_1), (B_3/a_2), (B_3/a_4), (B_3/a_5), (B_4/a_1), (B_4/a_2), (B_4/a_3), (B_4/a_5), (B_5/a_1), (B_5/a_2), (B_5/a_3), (B_5/a_4)

Ou seja:
$D_{5,3}$ $\Rightarrow$ $(a_2, a_3, a_4, a_5/a_2)$, $(a_2, a_3, a_4, a_5/a_3)$, $(a_2, a_3, a_4, a_5/a_4)$, $(a_2, a_3, a_4, a_5/a_5)$, $(a_1, a_3, a_4, a_5/a_1)$, $(a_1, a_3, a_4, a_5/a_3)$, $(a_1, a_3, a_4, a_5/a_4)$, $(a_1, a_3, a_4, a_5/a_5)$, $(a_1, a_2, a_4, a_5/a_1)$, $(a_1, a_2, a_4, a_5/a_2)$, $(a_1, a_2, a_4, a_5/a_4)$, $(a_1, a_2, a_4, a_5/a_5)$, $(a_1, a_2, a_3, a_5/a_1)$, $(a_1, a_2, a_3, a_5/a_2)$, $(a_1, a_2, a_3, a_5/a_3)$, $(a_1, a_2, a_3, a_5/a_5)$, $(a_1, a_2, a_3, a_4/a_1)$, $(a_1, a_2, a_3, a_4/a_2)$, $(a_1, a_2, a_3, a_4/a_3)$, $(a_1, a_2, a_3, a_4/a_4)$

Ao eliminar os termos em evidência, resulta que:

$D_{5,3} \Rightarrow (a_3, a_4, a_5), (a_2, a_4, a_5), (a_2, a_3, a_5), (a_2, a_3, a_4),$
$(a_3, a_4, a_5), (a_1, a_4, a_5), (a_1, a_3, a_5), (a_1, a_3, a_4), (a_2, a_4,$
$a_5), (a_1, a_4, a_5), (a_1, a_2, a_5), (a_1, a_2, a_4), (a_2, a_3, a_5), (a_1,$
$a_3, a_5), (a_1, a_2, a_5), (a_1, a_2, a_3), (a_2, a_3, a_4), (a_1, a_3, a_4),$
$(a_1, a_2, a_4), (a_1, a_2, a_3)$

Inscrevendo os termos que se repetem, obtém-se que:

$\mathbf{D_{5,3} = (a_3, a_4, a_5), (a_2, a_4, a_5), (a_2, a_3, a_5), (a_2, a_3, a_4),}$
$\mathbf{(a_1, a_4, a_5), (a_1, a_3, a_5), (a_1, a_3, a_4), (a_1, a_2, a_5), (a_1, a_2,}$
$\mathbf{a_4), (a_1, a_2, a_3)}$

Considerando:

$C_1 = (a_3, a_4, a_5), C_2 = (a_2, a_4, a_5), C_3 = (a_2, a_3, a_5), C_4 =$
$(a_2, a_3, a_4), C_5 = (a_1, a_4, a_5), C_6 = (a_1, a_3, a_5), C_7 = (a_1,$
$a_3, a_4), C_8 = (a_1, a_2, a_5), C_9 = (a_1, a_2, a_4), C_{10} = (a_1, a_2,$
$a_3)$

Posso obter a seguinte distribuição:

$D_{5,(3-1)} \Rightarrow (C_1/a_3), (C_1/a_4), (C_1/a_5), (C_2/a_2), (C_2/a_4),$
$(C_2/a_5), (C_3/a_2), (C_3/a_3), (C_3/a_5), (C_4/a_2), (C_4/a_3),$
$(C_4/a_4), (C_5/a_1), (C_5/a_4), (C_5/a_5), (C_6/a_1), (C_6/a_3),$
$(C_6/a_5), (C_7/a_1), (C_7/a_3), (C_7/a_4), (C_8/a_1), (C_8/a_2),$
$(C_8/a_5), (C_9/a_1), (C_9/a_2), (C_9/a_4), (C_{10}/a_1), (C_{10}/a_2),$
(C_{10}/a_3)

Desenvolvendo tal expressão de acordo com o procedimento anterior, obtém-se que:

$$D_{5,2} = (a_2, a_3), (a_2, a_4), (a_3, a_4), (a_2, a_5), (a_1, a_4), (a_1, a_3), (a_1, a_5), (a_1, a_2), (a_3, a_5), (a_4, a_5)$$

ARTIGO IV

PROGRESSÃO FATORIAL ESPECIAL

1- Definição

Denomino por "progressão fatorial especial" (P_F) uma sucessão de números não nulos (resultado de uma fatorial ordenada) em que o quociente de cada um deles, a partir do segundo, pelo seu antecessor e pela diferença do seu correspondente índice fatorial é sempre o mesmo. Este quociente constante é chamado por *razão da progressão fatorial especial*.

2- Fatorial Ordenada

Defino a fatorial ordenada como sendo o resultado de *n fatorial* caracterizado por uma ordem bem definida através de um trapézio retângulo.

Considere a seguinte ilustração como um exemplo esclarecedor:

$$1 \times 2 = a_1$$
$$1 \times 2 \times 3 = a_2$$
$$1 \times 2 \times 3 \times 4 = a_3$$
$$1 \times 2 \times 3 \times 4 \times 5 = a_4$$
$$1 \times 2 \times 3 \times 4 \times 5 \times 6 = a_5$$
$$1 \times 2 \times 3 \times 4 \times 5 \times 6 \times 7 = a_6$$

Observa-se que os números que compõem o conjunto da fatorial ordenada formam uma figura geométrica denominada por trapézio retângulo.

No exemplo os valores a_1, a_2, a_3, a_4, a_5 e a_6, são os resultados da fatorial ordenada, ou seja, a sucessão de números não nulos.

Evidentemente, tais resultados podem ser generalizados até *n-egésimo* valor:

$$a_1, a_2, a_3, a_4, ..., a_n$$

3- Razão da Progressão Fatorial Especial

De acordo com a definição apresentada, a razão da progressão fatorial especial é caracterizada matematicamente por:

$$q = [(a_2/a_1) - a] = [(a_3/a_2) - 1] = [(a_4/a_6) - 2] = ... = [(a_n/a_{n-1}) - r]$$

4- Índice Fatorial

As grandezas (0, 1, 2, ..., r), são os chamados "índices fatoriais".

5- Fórmula Fatorial do Termo Geral

Toda vez que a seqüência (a_1, a_2, a_3, a_4, ..., a_n) for uma progressão fatorial especial, de razão fatorial q, então, posso escrever que:

$a_2 = a_1 . (q + 0)$
$a_3 = a_2 . (q + 1)$

Substituindo convenientemente as duas últimas expressões, resulta que:

$a_3 = a_1 . (q + 0) . (q + 1)$

Depois, posso escrever que:

$a_4 = a_3 . (q + 2)$

Novamente, substituindo convenientemente as duas últimas expressões, vem que:

$a_4 = a_1 . (q + 0) . (q + 1) . (q + 2)$

Da mesma forma posso escrever que:

$a_5 = a_1 . (q + 0) . (q + 1) . (q + 2) . (q + 3)$
$a_6 = a_1 . (q + 0) . (q + 1) . (q + 2) . (q + 3) . (q + 4)$

Generalizando os referidos resultados, posso escrever que:

$a_n = a_1 . [q + (n - n)] . \{q + [n - (n - 1)]\} . \{q + [n - (n - 2)]\} . \{q + [n - (n - 3)]\} . \{q + [n - (n - 4)]\} . ... . [q + (n - 2)]$

Tal fórmula representa o desenvolvimento da equação generalizada. Uma outra maneira de apresentar a equação generalizada é a seguinte:

$$a_n = a_1 \cdot (q + 0) \cdot (q + 1) \cdot (q + 2) \cdot (q + 3) \cdot \ldots \cdot (q + r)$$

Observando, para tanto, que em qualquer caso é válida a seguinte igualdade:

$$r = n - 2$$

ARTIGO V

PRODUTOS INVARIÁVEIS

1- Equação Geométrica

a) Considere a seguinte equação geométrica:

$$y = 2^x$$

Tal equação permite obter os seguinte resultados:

$2^0 = 1$
$2^1 = 2$
$2^2 = 4$
$2^3 = 8$
$2^4 = 16$
$2^5 = 32$
$2^6 = 64$

Então, o produto dos referidos valores em ordem crescente por sua ordem decrescente, permite escrever que:

$(1 \times 64) = 64$
$(2 \times 32) = 64$
$(4 \times 16) = 64$
$(8 \times 8) = 64$
$(16 \times 4) = 64$

$(32 \times 2) = 64$
$(64 \times 1) = 64$

b) Considere a seguinte equação geométrica

$$y = 3^x$$

Então, posso escrever que:

$3^0 = 1$
$3^1 = 3$
$3^2 = 9$
$3^3 = 27$
$3^4 = 81$
$3^5 = 243$
$3^6 = 729$

O produto dos referidos valores em ordem crescente por sua ordem decrescente, permite escrever que:

$(1 \times 729) = 729$
$(3 \times 43) = 729$
$(9 \times 81) = 729$
$(27 \times 27) = 729$
$(81 \times 9) = 729$
$(243 \times 3) = 729$
$(729 \times 1) = 729$

c) Considere a seguinte equação geométrica:

$$y = 4^x$$

Então, posso escrever que:

$4^0 = 1$
$4^1 = 4$
$4^2 = 16$
$4^3 = 64$
$4^4 = 256$
$4^5 = 1024$
$4^6 = 4096$

O produto dos referidos valores por sua ordem crescente e decrescente permite escrever que:

$(1 \times 4096) = 4096$
$(4 \times 1024) = 4096$
$(16 \times 256) = 4096$
$(64 \times 64) = 4096$
$(256 \times 16) = 4096$
$(1024 \times 4) = 4096$
$(4096 \times 1) = 4096$

Agora, considere a seguinte seqüência de uma equação geométrica qualquer:

$$(p^0, p^1, p^2, p^3, p^4, ..., p^n)$$

O produto dos referidos valores por sua ordem crescente e decrescente permite escrever que:

$$(p^0 \cdot p^n)$$
$$(p^1 \cdot p^4)$$
$$(p^2 \cdot p^3)$$
$$(p^3 \cdot p^2)$$
$$(p^4 \cdot p^1)$$
$$...$$
$$(p^n \cdot p^0)$$

A soma dos referidos resultados, permite afirmar que:

$$(p^0 \cdot p^n) + (p^1 \cdot p^4) + (p^2 \cdot p^3) + (p^3 \cdot p^2) + (p^4 \cdot p^1) + ... + (p^n \cdot p^0) = (n + 1) \cdot p^n$$

O produto de tais resultados permite escrever que:

$$(p^0 \cdot p^n) \cdot (p^1 \cdot p^4) \cdot (p^2 \cdot p^3) \cdot (p^3 \cdot p^2) \cdot (p^4 \cdot p^1) \cdot ... \cdot (p^n \cdot p^0) = (p^n)^{(n + 1)}$$

Observe a seguinte igualdade:

$$p^0 + p^1 + p^2 + p^3 + p^4 + ... + p^n = p^n/p^0 + p^n/p^1 + p^n/p^2 + p^n/p^3 + p^n/p^4 + ... + p^n/p^n$$

Agora, considere o produto de:

$$S = p^0 \cdot p^1 \cdot p^2 \cdot p^3 \cdot p^4 \cdot \ldots \cdot p^n$$
$$S = p^n \cdot p^4 \cdot p^3 \cdot p^2 \cdot p^1 \cdot \ldots \cdot p^0$$

Então, posso concluir que:

$$S = \begin{Bmatrix} p^0 \\ p^n \end{Bmatrix} \cdot \begin{Bmatrix} p^1 \\ p^4 \end{Bmatrix} \cdot \begin{Bmatrix} p^2 \\ p^3 \end{Bmatrix} \cdot \begin{Bmatrix} p^3 \\ p^2 \end{Bmatrix} \cdot \begin{Bmatrix} p^4 \\ p^1 \end{Bmatrix} \cdot \ldots \cdot \begin{Bmatrix} p^n \\ p^0 \end{Bmatrix}$$

$$S^2 = (p^0 \cdot p^n) \cdot (p^1 \cdot p^4) \cdot (p^2 \cdot p^3) \cdot (p^3 \cdot p^2) \cdot (p^4 \cdot p^1) \cdot \ldots \cdot (p^n \cdot p^0)$$
$$S^2 = p^n \cdot p^n \cdot p^n \cdot p^n \cdot p^n \cdot \ldots \cdot p^n$$
$$S^2 = (p^n)^{(n+1)} \quad \text{ou seja:}$$
$$S^2 = p^{n \cdot n + n}$$

Assim, posso escrever que:

$$S = p^0 \cdot p^1 \cdot p^2 \cdot p^3 \cdot p^4 \cdot \ldots \cdot p^n = \sqrt{p^{n \cdot n^2 + n}}$$

Apenas por pura curiosidade, apresento ao leitor, a realidade da seguinte expressão:

$$2^n = 2^{n-1} + 2^{n-2} + 2^{n-3} + \ldots + 2^{n-n} + 1$$

Também, apresento as seguintes propriedades:

$$y = w + z$$
$$y - x = (w + z) - x$$
$$y - x = (w - x/2) + (z - x/2)$$

$y = w + z + s$

$y - x = (w + z + s) - x$

$y - x = (w - x/3) + (z - x/3) + (s - x/3)$

$y = w + z + s + ... + v$

$y - x = (w + z + s + ... + v) - x$

$y - x = (w - x/n) + (z - x/n) + (s - x/n) + ... + (v - x/n)$

Onde n, representa o número de termos.

ARTIGO VI

DIFERENÇA SUCESSIVA ENTRE POTÊNCIAS

1- Introdução

O presente artigo visa simplesmente demonstrar que a diferença entre potências sucessivas sempre resulta num valor constante, desde que subtraída sucessivamente.

2- Primeiro Exemplo

$$1^1 \quad 2^1 \quad 3^1 \quad 4^1 \quad 5^1 \quad 6^1 \quad 7^1 \quad 8^1$$
(1)
$$1 \quad 2 \quad 3 \quad 4 \quad 5 \quad 6 \quad 7 \quad 8$$
$$\lor \quad \lor \quad \lor \quad \lor \quad \lor \quad \lor \quad \lor$$
$$1 \quad 1 \quad 1 \quad 1 \quad 1 \quad 1 \quad 1$$

Nesse exemplo a diferença final é o valor numérico "um".

3- Segundo Exemplo

$$1^2 \quad 2^2 \quad 3^2 \quad 4^2 \quad 5^2 \quad 6^2 \quad 7^2 \qquad (1)$$
$$1 \quad 4 \quad 9 \quad 16 \quad 25 \quad 36 \quad 49$$
$$\lor \quad \lor \quad \lor \quad \lor \quad \lor \quad \lor$$

$$3 \quad 5 \quad 7 \quad 9 \quad 11 \quad 13 \qquad (2)$$
$$\lor \quad \lor \quad \lor \quad \lor \quad \lor$$
$$2 \quad 2 \quad 2 \quad 2 \quad 2$$

Nesse exemplo a diferença numérica final é *dois*.

4- Terceiro Exemplo

$$1^3 \quad 2^3 \quad 3^3 \quad 4^3 \quad 5^3 \quad 6^3 \quad 7^3$$
(1)
$$1 \quad 8 \quad 27 \quad 64 \quad 125 \quad 216 \quad 343$$
$$\lor \lor \lor \lor \lor \lor$$
$$7 \quad 19 \quad 37 \quad 61 \quad 91 \quad 127$$
(2)
$$\lor \quad \lor \quad \lor \quad \lor \quad \lor$$
$$12 \quad 18 \quad 24 \quad 30 \quad 36$$
(3)
$$\lor \quad \lor \quad \lor \quad \lor$$

$$6 \quad 6 \quad 6 \quad 6$$

Nesse exemplo a diferença numérica final é *seis*.

5- Quarto Exemplo

$$1^4 \quad 2^4 \quad 3^4 \quad 4^4 \quad 5^4 \quad 6^4 \quad 7^4$$
$$1 \quad 16 \quad 81 \quad 256 \quad 625 \quad 1296$$
$$2401 \quad \lor (1) \lor \quad \lor \quad \lor \quad \lor$$

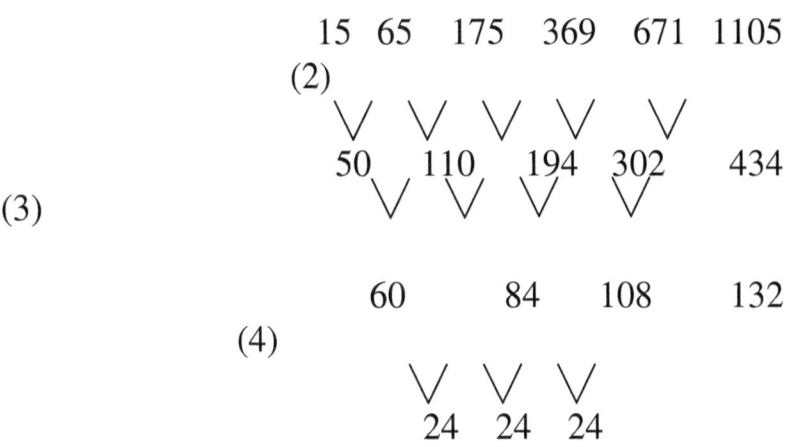

```
            15  65   175   369   671  1105
         (2)
            ∨   ∨    ∨     ∨     ∨
            50  110   194   302      434
(3)           ∨    ∨     ∨     ∨
```

```
            60       84    108      132
         (4)
               ∨    ∨    ∨
               24   24   24
```

Nesse exemplo a diferença numérica final é *vinte e quatro*.

6- Quinto Exemplo

1^5 2^5 3^5 4^5 5^5 6^5 7^5
8^5
1   32 243 1024 3125 7776 16807
32768 (1)
    ∨   ∨   ∨   ∨   ∨   ∨   ∨
    31   211   781   2101   4651   9031
15961   (2) ∨   ∨   ∨   ∨   ∨

```
         180  570  1320  2550   4380  6930
      (3)
            ∨    ∨    ∨    ∨     ∨
            390   750  1230  1830     2550
      (4)     ∨    ∨     ∨     ∨
```

$$360 \quad 480 \quad 600 \quad 720$$

(5)

$$120 \quad 120 \quad 120$$

Nesse exemplo a diferença numérica final é *cento e vinte*.

7- Termo Geral

$$1^n \quad 2^n \quad 3^n \quad 4^n \quad 5^n \quad 6^n \quad 7^n \quad ... \quad N^n$$

$$a \quad b \quad c \quad d \quad e \quad f \quad g \quad ... \quad z$$

$$a_1 \quad b_1 \quad c_1 \quad d_1 \quad e_1 \quad f_1 \quad g_1$$

$$a_2 \quad b_2 \quad c_2 \quad d_2 \quad e_2 \quad f_2$$

$$x \quad x \quad x \quad x \quad x$$

Nesse modelo a diferença algébrica final é x.
Nesse modelo tem-se que:

$$1^n = a; \ 2^n = b; \ 3^n = c; \ 4^n = d; \ 5^n = e; \ 6^n = f; \ 7^n = g; \ N^n = z$$

Também se tem que:

$$b - a = a_1 \qquad b_1 - a_1 = a_2 \qquad b_2 - a_2 = x$$

$c - b = b_1$	$c_1 - b_1 = b_2$	$c_2 - b_2 = x$
$d - c = c_1$	$d_1 - c_1 = c_2$	$d_2 - c_2 = x$
$e - d = d_1$	$e_1 - d_1 = d_2$	$e_2 - d_2 = x$
$f - e = e_1$	$f_1 - e_1 = e_2$	$f_2 - e_2 = x$
$g - f = f_1$	$g_1 - f_1 = f_2$	
$z - g = g_1$		

Onde (a_1) representa a primeira subtração, (a_2) a Segunda subtração, e assim sucessivamente.

8- Fórmula Geral

Nos exemplos anteriores apresentados a chamada diferença final formou uma série tal que:

$$x = 1, 2, 6, 24, 120$$

Se dividirmos o número posterior pelo anterior, obtém-se que:

$$2/1 = 2; \ 6/2 = 3; \ 24/6 = 4; \ 120/24 = 5$$

Os valores obtidos representam a potência (n) na qual as séries foram elevadas. Portanto posso escrever que:

$$n_2 \cdot n_1 = 2$$
$$n_3 \cdot n_2 \cdot n_1 = 6$$
$$n_4 \cdot n_3 \cdot n_2 \cdot n_1 = 24$$

$n_5 . n_4 . n_3 . n_2 . n_1 = 120$

Assim verifica-se que estamos diante de *n fatorial*. Logo se pode escrever que:

x = n!

Onde a letra (**n**) representa a potência na qual a série foi elevada e a letra (**x**), representa ao que tenho chamado por diferença final da subtração da série.

9- Observações Gerais

1ª – O valor chamado aqui por diferença final na realidade é a razão constante da progressão aritmética, obtida após sucessivas subtrações.

2ª – A última subtração da série inicial caracteriza a sucessão da progressão aritmética, pois a diferença entre cada elemento a partir do segundo e o seu anterior é sempre constante.

3ª – Com relação ao termo geral (8) apresentado no presente artigo pode-se escrever que:

$$f_2 = a_2 + (m - 1) . x$$

Onde (**m**) representa a quantidade de termos numéricos da última subtração.

4ª – A quantidade de termos final de (**x**) é caracterizada pela seguinte igualdade:

$$m_x = N - n$$

5ª – Na primeira subtração a diferença entre potências sucessivas é sempre um número impar. Todas as demais subtrações sucessivas são pares.

6ª – A subtração entre números impares sempre vai resultar em números pares. E a subtração entre números pares sempre vai resultar em números pares.

7ª – Numa sucessão crescente de números elevados à potência, sempre vai ocorrer uma alternância entre números impares e pares, de tal forma que a diferença entre eles resulta em números impares. Isso explica porque a subtração da primeira série é impar e também porque as demais subtrações decorrem em números pares.

ARTIGO VII

CÁLCULO VARIÁVEL

1- Introdução

O presente estudo visa estabelecer algumas definições básicas que possam indicar o modo como uma função muda de valor quando sua variável dependente sofre variações uniformes. Tem por objetivo apresentar um novo método matemático fundamentado dentro do mais estrito rigor para o estudo de funções que variam de forma uniforme.

2- Variação de Uma Função

A variação de uma função ocorre quando existe uma modificação de um valor para outro. Ela é definida como sendo a diferença entre o segundo valor pelo primeiro.

Simbolicamente escreve-se:

$$\Delta x = x_1 - x_0$$

3- Razão Entre Variáveis

Para encontrar a razão entre variáveis deve-se dividir a variável dependente (Δy) pela variável independente (Δx).

Portanto, (Δy) e (Δx) são valores numéricos e a razão entre eles é o quociente de (Δy) por (Δx).

Simbolicamente pode-se escrever que:

$$f(x) = \Delta y / \Delta x$$

4- Variação de Uma Variável

A característica de variação é a seguinte: *Variação de uma variável dependente é a razão da variação da dependente para a variação da variável independente, quando esta última tende a manter-se.*

Logo, quando existe a variação relatada, pode-se afirmar que existe uma variável.

Para ilustrar o que foi afirmado, considere a seguinte variação:

$$c \cdot \Delta x = \Delta y$$

Dando-se um acréscimo (Δy); então (**c**) recebe um acréscimo (Δc), e se obtém:

$$(c + \Delta c) \cdot \Delta x = \Delta y + \Delta y$$

Substituindo convenientemente as duas últimas expressões, pode-se escrever que:

$$(\Delta y / \Delta x + \Delta c) \cdot \Delta x = \Delta y + \Delta y$$

Eliminando os termos em evidência primeiro termo, resulta:

$$\Delta y + \Delta c \cdot \Delta x = 2\Delta y$$

Novamente eliminando os termos em evidência, vem que:

$$\Delta c \cdot \Delta x = \Delta y$$

Ou seja:

$$\Delta c = \Delta y / \Delta x$$

Assim fica apresentada a regra geral de variação.

5- Operador de Variação

Considere o seguinte símbolo:

$$\Delta / \Delta x$$

O referido símbolo deve ser considerado como um todo. Pode perfeitamente ser chamado por operador de variação. Ele indica que toda função expressa à sua direita deve ser variada em relação a (Δx).

6- Exemplo de Operador de Variação

a) A relação $\Delta y/\Delta x$ é expressa por: $\Delta/\Delta x$ **y**, e mostra que a variação de (**y**) deve ocorrer em relação a (Δx).

b) $\Delta/\Delta x$ **f(x)** mostra que a variação de **f(x)** deve ocorrer em relação a (Δx).

Portanto pode-se escrever que:

$$\Delta y/\Delta x = \Delta/\Delta x \ y = \Delta/\Delta x \ f(x)$$

7- Variável Sucessiva

A razão entre variáveis dependente e independente pode ser também uma função variável de (Δx). Nestas condições, a nova função pode ser variável e neste caso a variável da variável primeira é definida como variável segunda. E da mesma forma a variável da variável segunda é chamada variável terceira e assim por diante. Portanto a variável da variável *(n – 1)-egésima* pode perfeitamente ser classificada como variável *n-egésima*.

8- Exemplos de Variáveis Sucessivas

a) Considere que ($\Delta y/\Delta x = c$). Porém se (**c**) variar uniformemente de tal maneira que:

$$\Delta c = c - c_0$$

Obtém-se o seguinte resultado:

$$\Delta/\Delta x \; (\Delta y/\Delta x) = d$$

b) Entretanto, se (**d**) sofrer uma variação uniforme de tal forma que:

$$\Delta d = d - d_0$$

Obtém-se que:

$$\Delta/\Delta x[\Delta/\Delta x \; . \; (\Delta y/\Delta x)] = f$$

9- Símbolos de Variáveis Sucessivas

As variáveis sucessivas podem perfeitamente ser representadas pelos seguintes símbolos:

a) $\Delta/\Delta x \; (\Delta y/\Delta x) = \Delta^2 y/\Delta x^2$

b) $\Delta/\Delta x \; (\Delta^2 y/\Delta x^2) = \Delta^3 y/\Delta x^3$

E assim por diante.

O cálculo variável apresentado no presente artigo de forma abreviada é resultado de minhas investigações com problemas da mecânica clássica.

ARTIGO VIII

PACOTES DE CLASSES NUMÉRICAS

A) Considere uma grandeza numérica que cresce numa sucessão que tende ao infinito.

Por exemplo: n_1, n_2, n_3, n_4, n_5, ..., n_n

Tal valor pode ser um grupo de alunos ou objetos numerados em ordem crescente de n_1 a n_n. Onde $n_1 = 1$, $n_2 = 2$, $n_3 = 3$, ..., etc.

B) Considere uma outra grandeza numérica finita e limitada, agrupada numa ordem fixa crescente e invariável. Sendo que eu denominei a referida grandeza por classe (**A**).

Por exemplo: A_1, A_2, A_3
Onde $A_1 = 1$, $A_2 = 2$, $A_3 = 3$

C) Considere que a grandeza numérica finita – classes – (**A_1, A_2, A_3**), acompanhem continuamente a grandeza infinita, e repetem-se sucessivamente na mesma ordem. Sendo que o valor de uma grandeza corresponde de forma biunívoca ao da outra.

Por exemplo:

$$n_1, n_2, n_3, \quad n_4, n_5, n_6, \quad n_7, n_8, n_9, \quad n_{10}, n_{11}, n_{12}, \quad n_{13}$$

$$A_1\ A_2\ A_3 \quad A_1\ A_2\ A_3 \quad A_1\ A_2\ A_3 \quad A_1\quad A_2\quad A_3 \quad A_1$$

$$\text{I} \qquad \text{II} \qquad \text{III} \qquad \text{IV} \qquad \text{V}$$

D) Considere que cada repetição completa da grandeza finita (classe), se denomina pacote. Logo se torna evidente que o pacote (**I**) se estende de n_1 a n_3; o pacote (**II**) se estende de n_4 a n_6; o pacote (**III**) se estende de n_7 a n_9 e assim sucessivamente. Evidentemente, observa-se que os pacotes são caracterizados por um determinado número de classes, que no exemplo anterior caracteriza três classes (A_1, A_2, A_3). Simbolicamente:

$$N^o = 3$$

E) Então para se saber quais os valores de n_1, n_2, n_3, ..., n_n, que caracterizam A_1 ou A_2 ou A_3, basta empregar a seguinte equação que apresento a seguir:

$$N = p \cdot N^o + A$$

Onde $p = 0, 1, 2, 3, 4, ...$

Onde N^o representa o número de classes do pacote.

Onde A representa a classe em particular.

F) Para efeito de exemplo, considere uma escala constituída por quatro classes (A_1, A_2, A_3, A_4), onde dezoito alunos (n_1, n_2, n_3, n_4, n_5, n_6, n_7, n_8, n_9, n_{10}, n_{11}, n_{12}, n_{13}, n_{14}, n_{15}, n_{16}, n_{17}, n_{18}) serão distribuídos.

Então, esquematizando a distribuição de alunos nas classes, posso escrever que:

$$n_1,\ n_2,\ n_3,\ n_4,\ n_5,\ n_6,\ n_7,\ n_8,\ n_9,\ n_{10},\ n_{11},\ n_{12},\ n_{13},\ n_{14},\ n_{15},\ n_{16},\ n_{17},\ n_{18}$$
$$A_1\ A_2\ A_3\ A_4\ A_1\ \ A_2\ A_3\ A_4\ A_1\ A_2\ \ A_3\ \ A_4\ A_1\ \ A_2\ \ A_3\ A_4\ A_1\ \ A_2$$

| I | II | III | IV | V |

Então, posso concluir que a classe A_1 recebeu os alunos n_1, n_5, n_9, n_{13} e n_{17}. A classe A_2 recebeu os alunos n_2, n_6, n_{10}, n_{14} e n_{18}. A classe A_3 recebeu os alunos n_3, n_7, n_{11}, e n_{15}. A classe A_4 recebeu os alunos n_4, n_8, n_{12}, n_{16}. Agora, aplicando a equação que apresentei anteriormente, posso concluir que a classe A_1 apresenta:

$$n = p \cdot N^o + A$$
$$1 = 0 \times 4 + 1$$
$$5 = 1 \times 4 + 1$$
$$9 = 2 \times 4 + 1$$
$$13 = 3 \times 4 + 1$$
$$17 = 4 \times 4 + 1$$

Sendo que os referidos resultados estão em perfeito acordo com aqueles que foram obtidos pela esquematização apresentada.

Agora, considere os alunos da classe A_2.

$$n = p \cdot N^o + A$$

$$2 = 0 \times 4 + 2$$
$$6 = 1 \times 4 + 2$$
$$10 = 2 \times 4 + 2$$
$$14 = 3 \times 4 + 2$$
$$18 = 4 \times 4 + 2$$

Sendo que os referidos resultados estão em perfeito acordo com a realidade da questão.

Agora, considere os alunos que ocuparão a classe A_3.

$$n = p \times N^o + A$$
$$3 = 0 \times 4 + 3$$
$$7 = 1 \times 4 + 3$$
$$11 = 2 \times 4 + 3$$
$$15 = 3 \times 4 + 3$$

Sendo que tais resultados estão de acordo com a realidade.

Agora, considere os alunos que ocuparão a classe A_4.

$$n = p \cdot N^o + A$$
$$4 = 0 \times 4 + 4$$
$$8 = 1 \times 4 + 4$$
$$12 = 2 \times 4 + 4$$
$$16 = 3 \times 4 + 4$$

Novamente os referidos resultados estão de acordo com a realidade do problema.

ARTIGO IX

EQUAÇÃO SUCESSIVA

Considere a seguinte igualdade:

$$x - k$$
$$x_1 - n_1$$

Por regra de três simples, posso escrever que:

A) $x_1 = n_1 \cdot x/k$

Agora considere o seguinte:

$$x_1 - k$$
$$x_2 - n_2$$

Por regra de três simples, posso concluir que:

B) $x_2 = x_1 \cdot n_2/k$

Substituindo convenientemente as expressões (a) e (b), obtém-se que:

C) $x_2 = n_1 \cdot n_2 \cdot x/k^2$

Considere o seguinte:

$$x_2 - k$$
$$x_3 - n_3$$

Por regra de três simples direta, posso estabelecer que:

D) $x_3 = x_2 . n_3/k$

Substituindo convenientemente as expressões (c) e (d), posso concluir que:

$$x_3 = n_1 . n_2 . n_3 . x/k^3$$

Generalizando tais sucessões, posso escrever a seguinte equação:

$$x_p = n_1 . n_2 . n_3 . .... . n_p . x/k^p$$

Utilizando tais conceitos em porcentagem, tem-se o seguinte:

$$x \quad - \quad 100\%$$
$$x_1 \quad - \quad n_1\%$$

Assim, vem que:

$$x_1 = n_1\% . x/100\%$$

Também, vem que:

$$x_1 - 100\%$$
$$x_2 - \ n_2\%$$

Ou seja:

$$x_2 = n_2\% \ . \ x_1/100\%$$

Portanto, posso escrever que:

$$x_2 = n_1\% \ . \ n_2\% \ . \ x/(100\%)^2$$

Ao generalizar a referida expressão, obtém-se que:

$$x_p = n_1\% \ . \ n_2\% \ . \ n_3\% \ . \ ... \ . \ n_p\% \ . \ x/(100)^p$$

ARTIGO X

ESPIRAL CARACOL

1- Composição

Com um compasso deve-se traçar um semicírculo. A seguir, com a ponta seca numa das extremidades de semicírculo, deve-se abrir o compasso até a outra extremidade desse semicírculo. E a partir dessa extremidade deve-se proceder a descrição de um novo semicírculo, seguindo o sentido de fechamento da curva. Após deve-se repetir novamente todo o processo com o novo semicírculo formado: coloca-se a ponta seca na extremidade do último semicírculo descrito, então se deve abrir o compasso até a outra extremidade onde termina esse último semicírculo e a seguir, procede-se a descrição de um novo semicírculo seguindo o sentido do fechamento da curva. E assim procede-se indefinidamente, tantas vezes quanto se desejar.

O procedimento acima descrito resulta na composição do que tenho chamado de *espiral caracol*.

2- Diâmetro da Espiral Caracol (I)

Descrevendo a figura pode-se constatar que o diâmetro da espiral pode ser calculado em função do tamanho do raio do primeiro semicírculo inscrito na figura, de acordo com a seguinte equação:

$$D = 2 . r$$
$$D = 2 . r_0 + 4 . r_0 + 8 . r_0 + 16 . r_0 + 32 . r_0 + ...$$
$$D = r_0 . (2 + 4 + 8 + 16 + 32 + ...)$$

Portanto pode-se perceber a existência de uma progressão que cresce com o dobro do número anterior. Desse modo posso escrever que:

$$D = 2^n . r_0$$

Na referida expressão a letra (**D**) representa o diâmetro total da espiral. A letra (**n**) representa o número de semicírculos que constituem a espiral. A letra (**r_0**) representa o comprimento do raio inicial (raio do primeiro semicírculo).

3- Diâmetro da Espiral Caracol (II)

O diâmetro da espiral pode ser calculado em função do diâmetro do primeiro semicírculo, conforme apresentado na seguinte demonstração:

Sabe-se que o diâmetro é o dobro do raio, então se pode escrever que:

$$D = 2 . r_0 + 2 . (2 . r_0) + 4 . (2 . r_0) + 8 . (2 . r_0) + 16 . (2 . r_0) + ...$$

Como:

$$d_0 = 2 \cdot r_0$$

Pode-se escrever que:

$$D = d_0 + 2 \cdot d_0 + 4 \cdot d_0 + 8 \cdot d_0 + 16 \cdot d_0 + 32 \cdot d_0 + ...$$
$$D = d_0 \cdot (1 + 2 + 4 + 8 + 16 + 32 + ...)$$

Portanto posso concluir que:

$$D = 2^{n-1} \cdot d_0$$

Na referida equação a letra (d_0) representa o comprimento do diâmetro inicial (diâmetro do primeiro semicírculo).

4- Raio da Espiral Caracol

Sabe-se que o raio é a metade do diâmetro. Então fundamentado nas expressões anteriores pode-se escrever que:

1º) $R = D/2$
2º) $R = 2^n \cdot r_0/2$
3º) $R = 2^{n-1} \cdot d_0/2$

5- Comprimento da Espiral Caracol

O comprimento da espiral caracol, evidentemente, é a soma dos semicírculos individuais. Desse modo posso escrever que:

$$C = C_1 + C_2 + C_3 + ... + C_n$$

Sabe-se que o comprimento de um semicírculo é a metade do perímetro de um círculo.
Dessa forma pode-se escrever que:

$$C_s = p/2$$

Também se sabe que o perímetro de um círculo é igual ao valo de *pi* (π) multiplicado pelo diâmetro do círculo.
Simbolicamente pode-se escrever que:

$$p = \pi . d$$

Como o diâmetro (**d**) do círculo é igual ao dobro do valor do raio (**r**), pode-se escrever que:

$$d = 2 . r$$

Substituindo convenientemente a referida expressão com a anterior, obtém-se que:

$$p = \pi . 2 . r$$

Substituindo a referida expressão com a do comprimento do semicírculo, vem que:

$$C_s = 2\pi \cdot r/2$$

Eliminando os termos em evidência, vem que:

$$C_s = \pi \cdot r$$

Também se pode escrever que:

$$C_s = \pi \cdot d/2$$

O comprimento de cada semicírculo que constitui a espiral pode ser apresentado da seguinte maneira:

$$C_1 = \pi \cdot d_0/2 = \pi \cdot (2r_0)/2 = \pi \cdot 2^0 \cdot (2r_0)/2$$

$$C_2 = \pi \cdot d_1/2 = \pi \cdot 2 \cdot (2r_0)/2 = \pi \cdot 2^1 \cdot (2r_0)/2$$

$$C_3 = \pi \cdot d_2/2 = \pi \cdot 4 \cdot (2r_0)/2 = \pi \cdot 2^2 \cdot (2r_0)/2$$

$$C_4 = \pi \cdot d_3/2 = \pi \cdot 8 \cdot (2r_0)/2 = \pi \cdot 2^3 \cdot (2r_0)/2$$

Como o comprimento total da espiral é a soma do comprimento de todos semicírculos que constituem a espiral, pode-se escrever que:

$$C = C_1 + C_2 + C_3 + \dots + C_n$$

Então, substituindo as últimas expressões, vem que:

$$C = \pi \cdot 2^0 \cdot (2r_0)/2 + \pi \cdot 2^1 \cdot (2r_0)/2 + \pi \cdot 2^2 \cdot (2r_0)/2 + \pi \cdot 2^3 \cdot (2r_0)/2 + \dots$$

$$C = \pi \cdot (2r_0)/2 \cdot (2^0 + 2^1 + 2^2 + 2^3 + \dots)$$

$$C = \pi \cdot (2r_0) \cdot 2^{n-1}/2$$

Eliminando os termos em evidência, resulta que:

$$C = \pi \cdot r_0 \cdot 2^{n-1}$$

Na referida expressão a letra (C) representa o comprimento total da espiral caracol. A letra (r_0) representa o raio inicial (raio do primeiro semicírculo inscrito). A letra (n) representa o número de semicírculos que constituem a espiral.

Também se sabe que o diâmetro é o dobro do raio:

$$d = 2 \cdot r$$

Porém como:

$$C = \pi \cdot 2r_0 \cdot 2^{n-1}/2$$

Podem-se substituir convenientemente as duas últimas expressões, obtendo-se que:

$$C = \pi \cdot d_0 \cdot 2^{n-1}/2$$

Na referida expressão a letra (d_0) representa o diâmetro inicial (diâmetro do primeiro semicírculo inscrito na espiral).

6- Área da Espiral Caracol

Sabe-se que a área de um círculo é expressa por:

$$A = \pi \cdot R^2$$

Então se torna evidente que a área do semicírculo é a metade da área do círculo. Ou seja:

$$a = \pi \cdot R^2/2$$

Analisando a espiral caracol pode-se verificar que a sua área é expressa por:

$$a = a_1 + a_2 + (a_3 - a_1) + (a_4 - a_2) + (a_5 - a_3) + ... + (a_n - a_{n-2})$$

Também se pode escrever que:

$$a = a_1 + a_2 + (a_3 - a_{3-2}) + (a_4 - a_{4-2}) + (a_5 - a_{5-2}) + ... + (a_n - a_{n-2})$$

Onde a letra (**a**) representa a área de cada semi-círculo e o índice ao lado da letra "**a**" representa a identificação do semicírculo.

O raio de cada semicírculo pode ser expresso pela seguinte expressão:

$r_0 = 2 \cdot r_0/2$
$r_1 = 4 \cdot r_0/2$
$r_2 = 8 \cdot r_0/2$
$r_3 = 16 \cdot r_0/2$
$r_4 = 32 \cdot r_0/2$

Portanto a área de cada semicírculo pode ser expressa por:

$a_1 = \pi/2 \cdot (2 \cdot r_0/2)^2 \Rightarrow a_1 = \pi \cdot r_0^2/2 \Rightarrow a_1 = \pi/2 \cdot (2^0 \cdot r_0)^2 \Rightarrow a_1 = \pi/2 \cdot (2^{1-1} \cdot r_0)^2$

$a_2 = \pi/2 \cdot (4 \cdot r_0/2)^2 \Rightarrow a_2 = \pi/2 \cdot (2 \cdot r_0)^2 \Rightarrow a_2 = \pi/2 \cdot (2^1 \cdot r_0)^2 \Rightarrow a_2 = \pi/2 \cdot (2^{2-1} \cdot r_0)^2$

$a_3 = \pi/2 \cdot (8 \cdot r_0/2)^2 \Rightarrow a_3 = \pi/2 \cdot (4 \cdot r_0)^2 \Rightarrow a_3 = \pi/2 \cdot (2^2 \cdot r_0)^2 \Rightarrow a_3 = \pi/2 \cdot (2^{3-1} \cdot r_0)^2$

$a_4 = \pi/2 \cdot (16 \cdot r_0/2)^2 \Rightarrow a_4 = \pi/2 \cdot (8 \cdot r_0)^2 \Rightarrow a_4 = \pi/2 \cdot (2^3 \cdot r_0)^2 \Rightarrow a_4 = \pi/2 \cdot (2^{4-1} \cdot r_0)^2$

$a_5 = \pi/2 \cdot (32 \cdot r_0/2)^2 \Rightarrow a_5 = \pi/2 \cdot (16 \cdot r_0)^2 \Rightarrow a_5 = \pi/2 \cdot (2^4 \cdot r_0)^2 \Rightarrow a_5 = \pi/2 \cdot (2^{5-1} \cdot r_0)^2$

Substituindo convenientemente as referidas expressões naquela que estabelece a área da espiral, pode-se escrever que:

$$a = a_1 + a_2 + (a_3 - a_1) + (a_4 - a_2) + (a_5 - a_3) + \ldots + (a_n - a_{n-2})$$

$$a = \pi/2 \cdot (2^{1-1} \cdot r_0)^2 + \pi/2 \cdot (2^{2-1} \cdot r_0)^2 + [\pi/2 \cdot (2^{3-1} \cdot r_0)^2 - \pi/2 \cdot (2^{1-1} \cdot r_0)^2] + [\pi/2 \cdot (2^{4-1} \cdot r_0)^2 - \pi/2 \cdot (2^{2-1} \cdot r_0)^2] + [\pi/2 \cdot (2^{5-1} \cdot r_0)^2 - \pi/2 \cdot (2^{3-1} \cdot r_0)^2] + \ldots + [\pi/2 \cdot (2^{n-1} \cdot r_0)^2 - \pi/2 \cdot (2^{n-3} \cdot r_0)^2]$$

Também posso escrever que:

$$a = \pi/2 \cdot [(2^{1-1} \cdot r_0)^2 + (2^{2-1} \cdot r_0)^2] + \pi/2 \cdot [(2^{3-1} \cdot r_0)^2 - (2^{1-1} \cdot r_0)^2] + \pi/2 \cdot [(2^{4-1} \cdot r_0)^2 - (2^{2-1} \cdot r_0)^2] + \pi/2 \cdot [(2^{5-1} \cdot r_0)^2 - (2^{3-1} \cdot r_0)^2] + \ldots + \pi/2 \cdot [(2^{n-1} \cdot r_0)^2 - (2^{n-3} \cdot r_0)^2]$$

Novamente pode-se escrever que:

$$a = \pi/2 \cdot \{[(2^{1-1} \cdot r_0)^2 + (2^{2-1} \cdot r_0)^2] + [(2^{3-1} \cdot r_0)^2 - (2^{1-1} \cdot r_0)^2] + [(2^{4-1} \cdot r_0)^2 - (2^{2-1} \cdot r_0)^2] + [(2^{5-1} \cdot r_0)^2 - (2^{3-1} \cdot r_0)^2] + \ldots + [(2^{n-1} \cdot r_0)^2 - (2^{n-3} \cdot r_0)^2]\}$$

Pode-se também escrever que:

$$a = \pi/2 \cdot \{[(2^{1-1} \cdot r_0)^2 + (2^{2-1} \cdot r_0)^2] + [(2^{3-1} \cdot r_0)^2 - (2^{3-3} \cdot r_0)^2] + [(2^{4-1} \cdot r_0)^2 - (2^{4-3} \cdot r_0)^2] + [(2^{5-1} \cdot r_0)^2 - (2^{5-3} \cdot r_0)^2] + \ldots + [(2^{n-1} \cdot r_0)^2 - (2^{n-3} \cdot r_0)^2]\}$$

BIBLIOGRAFIA

BERTOLDO, LEANDRO. *Teses da física clássica e moderna*. Rio de Janeiro: Litteris Editora, 2003.

EISBERG, Robert e RESNICK, Robert. *Física quântica: átomos, moléculas, sólidos, núcleos e partículas*. Tradução de Paulo Costa Ribeiro, Enio Frota da Silveira e Marta Feijó Barroso. Rio de Janeiro: Campus, 1979.

IEZZI, Gelson, DOLCE, Osvaldo, TEIXEIRA, José Carlos, MACHADO, Nilson José, GOULART, Marcio Cintra, CASTRO, Luiz Roberto da Silveira e MACHADO, Antonio dos Santos. *Matemática*. São Paulo: Atual Editora Ltda., 1974.

www.ingramcontent.com/pod-product-compliance
Lightning Source LLC
Chambersburg PA
CBHW072132170526
45158CB00004BA/1345